Alioune Ibnou Abytalib Diouf

# DNAon

Alioune Ibnou Abytalib Diouf

# DNAon

Wydawnictwo Bezkresy Wiedzy

**Imprint**
Any brand names and product names mentioned in this book are subject to trademark, brand or patent protection and are trademarks or registered trademarks of their respective holders. The use of brand names, product names, common names, trade names, product descriptions etc. even without a particular marking in this work is in no way to be construed to mean that such names may be regarded as unrestricted in respect of trademark and brand protection legislation and could thus be used by anyone.

Cover image: www.ingimage.com

This book is a translation from the original published under ISBN 978-620-0-11139-5.

Publisher:
Wydawnictwo Bezkresy Wiedzy
is a trademark of
Dodo Books Indian Ocean Ltd., member of the OmniScriptum S.R.L Publishing group
str. A.Russo 15, of. 61, Chisinau-2068, Republic of Moldova Europe
Printed at: see last page
**ISBN: 978-620-0-54222-9**

# Rozdział 1: Skrzydlaty Tuareg

Skrzydlaty Tuareg" poczuł bolesny ciężar na swoim turbanie, jak jakieś niezdrowe przenikanie, i wierzył, że nadeszła jego ostatnia godzina. Tylko on nie mógł dostrzec precyzyjnego bólu po każdym zderzeniu i nie mógł dokładnie określić, co jest nie tak z jego głową, a raczej w głowie...

Jest rok 2559 i ludność skończyła widzieć w tym enigmatycznym osobniku wyglądem turbanowanego Tuarega, ostatecznego symbolu oporu wobec porządku ustanowionego z góry bogatych budynków "szklanego oka".

Lee "Winged Tuareg" miał wszystko o legendarnym bohaterze, mroczny strój, turban maskujący twarz z wyjątkiem odrobiny ust w otoczeniu grubej brody, której jedyne zarysy są widoczne i wreszcie lukier na torcie, właściwości psychiczne niezwykłe, jeśli nie niezrównane umiejętności walki i ukrywania się!

Mówi się, że pochodzi z beduińskiej rodziny niedaleko przedmieść Agadeza, po ucieczce z nuklearnych plam trzeciej wojny i posypaniu Agent Red na populacje trzeciego świata przez popleczników czterech pożarów, ale nikt nie wiedział więcej o jego zdolnościach lub jego wrodzony dar do gadżetów technologicznych ...

Pojawił się tak, że nikt nie wiedział dokładnie, skąd pochodzi, a do tego czasu jego działania ograniczały się do robienia bałaganu w fabrykach klasy rządzącej, która zdobyła prymat szklanego oka, choć ostatnio podpisał się pod innymi spektakularnymi akcjami, takimi jak porwanie Księżnej Czterech Ognisk z żądaniem okupu natychmiast rozprowadzonym w ciemnym labiryncie Popbów!

Jego przypadek powinien dotyczyć wielu innych zbuntowanych praktykantów tego samego rodzaju, wszystkich zamordowanych lub uwięzionych w ponurych więzieniach Patrida.

Świat bardzo się zmienił od czasu ludobójstwa jądrowego, które nastąpiło po kilku żyrandolach, a następnie masowym wyginięciu z agentem Redem jako głównym wektorem, choć do tej pory zastanawiano się, jak niektóre z nich wciąż żyją? Albo kto mógł wcisnąć przycisk?

Faktem jest, że długo oczekiwana, robotyczna rewolucja, w której robotyczne humanoidy wszędzie wykonują swoją pracę, a my w ciągłym poszukiwaniu radości i szczęścia, nie miała miejsca, a jedynie barbarzyńskie oblicze ludzkości przejęło w swoich najbardziej odrażających formach 5 miliardów zabitych i 2 miliardy ocalałych, z czego 200 miliardów wciąż żyje.000 tworzące super klasę w szklanym oku, kolejne 200 000 rozłożone w ramach czterech pożarów, a reszta rozproszona wśród Popbas, podczas gdy ¾ planety zostało całkowicie skażone promieniowaniem Wielkiej Wojny.

Tuareg wydawał się na razie nieuchwytny, mimo wszystkich pułapek i całej technologii użytej do jego schwytania lub zamordowania, pływał jak na znanej mu pustyni na dużych wyspach pełnych gniazd węży i skorpionów wszelkiego rodzaju. Nawet ślad genetyczny pochodzący z kropli potu lub włosów nie prowadził do niczego, co najwyżej mieliśmy odcisk dźwięku, który nie odpowiadał niczemu wymienionemu i dziwnemu, jego pomiary fizyczne zmieniały się wraz z jego wyglądem, który mógł przejść do różnych rozmiarów, koloru skóry, a nawet muskulatury!

Na jego temat kontynuowano tajne spotkania na wysokim szczeblu, ponieważ rosło ryzyko i straty, a głównym pragnieniem było powieszenie jeszcze jednej głowy na zbrojowni czterech pożarów.

Wróćmy do naszego bohatera, który zmagał się z dwoma zmodyfikowanymi agentami, ciosem w Turbana i przypomniał sobie, że nie było już zabawy z naszymi dwiema czystymi nimfami, produktem nano technologicznej i genomowej rewolucji.

Naukowcy powiedzieli, że aby znaleźć kolejny klucz do ewolucji przez czysty przypadek, którego tajemnicę miały tylko zainteresowane strony, ich badania miały doprowadzić do powstania nowej rasy humanoidów pół-człowieka i pół-DNA w doskonałej symbiozie, aby uczynić z nas istoty doskonałe.

ADNon był pierwszym całkowicie syntetycznym materiałem genetycznym bez nukleotydu typu protidowego, miał strukturę ludzkiego DNA bez składników i wad, a według jego projektantów w tym czasie wszyscy nie żyją: Bye Bye ATCG, welcome immortality!

Wiedzieliśmy tylko, że pierwsze testy na organizmach ludzkich zostały przeprowadzone na etapie embriogenezy, aby nasze ludzkie nitki DNA mogły pełnić rolę palika dla nitek DNAON, które ostatecznie powtórzyłyby ten proces samodzielnie z materiałami budowlanymi wykonanymi z ołowiu, krzemionki, tytanu i innych rzadkich materiałów wyłowionych z najgłębszej tajemnicy na Księżycu, kilku komet i... na Marsie.

Naukowcy nie wiedzieli, że ludzcy opiekunowie przekażą swoją osobowość w czysto biochemicznym procesie i że doprowadzi to do tego, że pewna BLAT, wymuszona królika doświadczalnego w jego stanie, przekaże swoją niszczycielską osobowość patologiczną przyszłym organizmom w procesie tworzenia? Tak urodził się Agent Red.

Aziz Skrzydlaty Tuareg musiał tymczasem wyjść z letargu, aby wąsko uciec z macki godnej śródziemnomorskiej ośmiornicy, która próbowała złapać go i jego turban, postanawiając w końcu aktywować bombę ultradźwiękową. Zmodyfikowane środki miały rekombinowane DNA z 99% DNAon i pozostały wrażliwe na ultradźwięki, które wyrządziły im największą szkodę, Aziz wiedział o tym i stopił je jak żelatyna mdłości, bezkształtne podejrzenie.

Następnie przypomniał sobie, że musiał udać się na ważne spotkanie, w krótkim czasie, aby przegrać w walce przegranej z tymi dwoma mniej więcej ludzkimi syntetycznymi nimfami.

- "Cześć Ziz... znowu późno? "wykrzyknął jeden z tych przeklętych 25% zmodyfikowany, mniej niż ci chamowie oka, gdzie minimalna genetyczna rekombinacja wynosi 50%, w skrócie Maro zdawał się dokuczać trochę za bardzo Aziz na rzekome lub prawdziwe opóźnienie zaledwie 1 minuty na spotkanie, które odbędzie się w 01 godzin.
- Aziz usiadł na swoim miejscu, nie zwracając uwagi na bełkot Maro i zakończył swoje cywilizacje wymieszane z gwarą innych członków z czystym gardłem i znajomym komunikatem dla grupy: "Cisza, spotkanie się zaczyna! ».
- Pomyślał w swoim sercu: "Boże, że te niekończące się blabla z hologramami naturalnej wielkości mogą iść szybko, ale ja niepotrzebnie umieram, spotkanie potrwa dokładnie 01 godzin z 15 minutami poświęconymi szklanemu oku, 15 minutami na aktywność czterech pożarów i 30 minutami na Popbas".
- Jednak, że kwadrans poświęcony był na oko, jedna rzecz przykuła jego uwagę, która często jest w stanie hibernacji, tak bardzo tematy wydają się być powszechne, a w sumie bez zdziwienia. The eye made its declaration on a new world with an improved civilization and new bodies, the four fires were in charge of discussing retaliatory measures on Popbas swarming with humans recombined at maximum 20%, technological gadgets and field agents always more dangerous than each other ... Then, Popby potrzebowały jeszcze pół godziny, by uporać się z ich przyrostem naturalnym, niemalże uogólnioną przemocą, produktywnością w kopalniach Nucland i Stellard oraz,

lukrując na torcie, najnowszymi odkryciami, by wyeliminować cholernego Skrzydlatego Tuarega, zanim nie wzbudzi on już więcej pasji wśród Popbów.

- Sylwetka była tylko kolejnym hologramem, z niuansem kobiecych krzywizn, ciałem w kształcie butelki ze starego świata, głową ogoloną zgodnie z rytuałami plemion, które kiedyś zniknęły... Ach, wirtualne cudo, westchnął Aziz, nic nie jest prawdziwe w tym holograficznym spotkaniu, gdzie prosta klatka wyłożona czujnikami, stół i krzesło pozwala krzyczeć przez godzinę w tygodniu o tym, co pozostało ze świata. Tajemniczy hologram wydawał się jednak dawać Azizowi wyraz deja vu, delikatny aromat znany tylko jemu... ale być może jego wyostrzone zmysły go zmyliły, łatwe odczytywanie myśli wszystkich przez pole holograficzne okazało się nieskuteczne przed Widziałem piękny hologram o konturach podprogowych i to wystarczyło, aby w Azizie "Skrzydlaty Tuareg", wiodącym członku oka, zainstalować uczucie zmieszane z wątpliwościami i podejrzeniami!

## Rozdział 2: Patrida

- Zadzwonił gong, a oni wszyscy musieli opuścić swoje stanowiska pracy, aby biec do czytnika siatkówki, aby nie uderzyć w szok tak bolesny, że ich ciała będą konwulsje z przerażeniem długo po tym.
- Głos przemawiał do nich tym samym językiem, co każdego ranka i wieczoru kontroli, monotonnym tonem i intonacją bliską melancholii i pogardzie, całość ozdobiona sygnałem świetlnym rzucanym bezpośrednio na siatkówkę mieszkańców komórek pęcherzykowych Patridy.
- I tak, Patrida stała w nie do zdobycia i w pełni zautomatyzowana forteca na granicy bezpiecznego świata i jego skażonej części, tej części, która czeka na Ciebie, gdy Głos zdecyduje się wrzucić Cię tam bez żadnej innej formy próby lub logiki w swoim podejściu...
- Xenon był pewien, że będzie jedną z ofiar dżumy następnej fali, obiecał pewną śmierć przez napromieniowanie, która po wielu cierpieniach zakończy się zupą molekularną. Był niespokojny, ale przede wszystkim zaniepokojony tym, jak wylądował w tym miejscu śmierci i jak najszybciej uciec, wbrew radzie rezygnujących. Ta banda nieudaczników, którzy wkrótce zgięli się do zasad głosu, wkrótce przekształciła się w pilny i gorliwy kult, do tego stopnia, że prawie dobrowolnie zgłosili się do ostatecznego wyroku na radioaktywnej pustyni GOBI.
- Xenon był pięknym wiekiem, wiekiem, w którym nie powinno się umierać, nie mówiąc już o tym, że nie doświadczając radości ze staroświeckiej kopulacji. Jego piękne ciało usiane tatuażami w postaci nieistotnych arabesek, kwadratowa twarz bez ciężkich śrub na szerokich ramionach, a wszystko to podparte muskulaturą innego wieku... jego niekontrolowane podróże doprowadziły go niestety do łóżka pani z wyższej klasy, w strefie zakazanej i co gorsza, czujniki ogromnej willi wygasły, oczy męża wystarczyły, by włączyć alarm prowadzący do jego niemal natychmiastowego aresztowania przez dwóch agentów zmodyfikowanych po gorzkiej walce. Nadal pamiętał dwie blizny po obu stronach szczęki przebite dwoma mackami znikąd, kiedy myślał, że ma przewagę nad prześladowcami, jedną rzuconą na ziemię szalejącym kopnięciem, a drugą poddaną zwichnięciu ramienia w odpowiedniej formie, przynajmniej jego wspomnienia zatrzymały się tam, bo reszta wydawała się mniej honorowa, w końcu jego uwięzienie w automatycznym piekle pełnym fanatyków jest tego namacalnym dowodem...

- Gong zabrzmiał ponownie, więźniowie popędzili ustąpionych do głowy, gotowi błagać, by podeszli tak, jak mówili, monotonny głos mówił o tym samym monologu, a siatkówki ponownie się zapalały, pogrążając więźniów i nikogo innego w swoistej zbiorowej halucynacji, będącej dla ustąpionych dowodem na wspaniałość głosu. Xenon był oszołomiony słysząc, że jako jedyny powstanie dziś wieczorem, nie tworząc scen niezwykłego zapału wśród swoich wczesnych oświeconych towarzyszy. Nie tylko będzie jedynym, który wyjedzie, co jest pierwszym dla Patridy, ale także pójdzie i pobije się w nocy... więc kolejny pierwszy!
- Moment zaskoczenia minął, Xenon wiedział, że jego godziny są policzone i zaczął myśleć o honorowym samobójstwie, a nie tak straszny koniec w środku ciemności, spędził dzień dopracowując swój plan samobójczy, ale jak? Pęcherzyki były wykonane z inteligentnych materiałów z pamięcią kształtu i dostosowane do genomu gospodarza, nie było w nich klucza ani niczego solidnego poza kształtami, które kształtowały się w miarę postępu czynności więźnia: spanie, czytanie, siedzenie, leżenie, picie... krótko mówiąc, wszystko zmaterializowało się do woli, wola pęcherzyków przede wszystkim, a wszystkie te nano-boty zależne od jego struktury posłuszne były mu dzięki niewidzialnej sile. Wziął swoją odwagę w obie ręce i musiał postanowić sprowokować powszechną walkę, obrażając głos i swoje rozkazy przed dantejską kawalerią rezygnujących, co było dla niego niekorzystne, ponieważ właśnie został złapany na czas przez celę, która kurczyła się na niego w nienaruszalnym sarkofagu przed groźbą fanatyków, którzy uważali, że afront wielkości zmusza go do zapłaty życiem! Jego czas wkrótce nadejdzie, a i tak skończył się...
- W jego humanoidalnym sarkofagu, jego myśli krążyły w głowie, w nieskończoność odtwarzając obrazy tej damy z wysokiego społeczeństwa w potrzebie starożytnych wrażeń, które pogrążyły go w tym gównie, on strzelił sobie w szyję, gdzie wymiany psychiczne zrobił lepszą robotę. "I owszem, ta mieszkanka willi czteropalnikowej miała o wiele lepsze rzeczy do roboty, wkręcała sobie do mózgu, wspomagana przez armadę nanobotów w służbie swojej psychiki i swojego podglądającego męża, ale mnie to nie obchodziło, myślałam tylko o moich podbojach chwili z nanobotami lub bez nich, mówił do siebie w głębi serca.
- Wiedziałem, jak walczyć, jak unikać łączonych agentów, jak rig alarmów antywłamaniowych willi tylko myśląc o tym nie wiem jak, a tam jest tylko para ledwo otwarte oczy, które były przyczyną kilku cykli przejścia twojego naprawdę między nogami panie burżuazyjne proszę!

- Nasz facet, słyszał o Patricie od najmłodszych lat w ostatnich Delta Force jako specjalista od materiałów wybuchowych, chwalił się tym, że przeżył najgorszy wybuch, jaki żywa istota mogła znieść, bardzo oślizgły squirt na dwóch pięknych boginiach kilka razy w bistro Lebut!
- Tik-tak, tik-tak, skończyłeś, powiedział do siebie w swoim sarkofagu i po kilku godzinach oczekiwania sarkofag-pęcherzyk otworzył się, aby pozwolić mu upaść na rodzaj niekończącego się slajdu, który prowadził go w górę przez ssanie próżniowe w rodzaju rurki nadal wylewane. "Ten ul na pewno będzie mnie informował, dopóki nie umrę", mieszał w desperacji, zanim dotrze do jasnego, ciemnego pokoju, który będzie jego ostatnim miejscem spoczynku, zanim skończy w stanie nieładu.
- Krzesło zmaterializowało się i znikąd pojawił się nowy typ czytnika siatkówki, zadzwonił gong i musiał pogodzić się z kolejną kontrolą, ostatnią tym razem z głosem jako aktorem dźwiękowym, o którym myślał... a potem kliknął! Tutaj był w transie podekscytowany niezwykłym sygnałem świetlnym przypominającym mu o wpływie tych dziwnych sygnałów na niego i innych więźniów. Wydawali się unosić z tymi sygnałami, naprawdę unosić się jak w pustej przestrzeni z niewielką ilością powietrza do oddychania, ale wystarczająco dużo siły, aby bandażować swoje mięśnie i to uczucie w końcu stało się przyjemne, podczas gdy niektórzy z nich wrócili z wymiotami i silnymi skurczami bólu bliskimi tężyczce mięśniowej, w przeciwnym razie zaczęliby srać na siebie wprost!
- Te przeklęte sygnały były jedyną przyjemnością, która przypomniała mu o jego starym życiu, ponieważ jedzenie, tlen, a nawet pot były ściśle kontrolowane i dostarczane przez jego odżywczy pęcherzyk, aż do tego stopnia, że wszędzie zaspokajały jego potrzeby, bez natychmiastowego czyszczenia i dezynfekcji przez pęcherzyk, który nigdy nie przegapił okazji do ogrzania jego mięśni, wszystkich mięśni! Jego myśli potoczyłyby się dalej, gdyby tylko odrobina tego cholernego głosu mogła go zamknąć w pewnej minucie ciszy tylko po to, by dać mu spokój, tak by mógł umrzeć z myślą o swoich starych podbojach i pytaniach, na które nie miał odpowiedzi.
- Głos rozbrzmiewa po tej ostatniej chwili świetlistej strzelaniny i wystrzeliwuje wszystko: "Temat nadający się do startu", a Xenon dochodzi do słodszej śmierci, niż by sobie wyobrażał, ponieważ upadek po wypuszczeniu powietrza zabiłby go na długo przed promieniowaniem pustyni Gobi i miałby radość z miłego finału po świetlistej ślizgawce, po której nastąpiłby balet powietrzny po wszystkich śmiertelnikach.

- Komórka Xenona pojawiła się ponownie i owinęła go w nową formę, rodzaj stroju kosmonauty na granicy górniczego garnituru z wszelkiego rodzaju dziwadłami, Wiedział, jak sprawić, aby działały i nawet nieznajomy widział wielu innych facetów wyposażonych tak jak on i myślał, że rozpoznał twarze wcześniej skazane na napromieniowanie w partii, ale za późno ... gigantyczny pęcherzyk płucny ogarnął je wszystkie, aby połączyć się z innymi od czasu do czasu, aż do gigantycznej podkładki startowej i tam Xenon między ulgą a zaskoczeniem może w końcu powiedzieć : to jest wysokość!
- Głos rozbrzmiewa w celu ogłoszenia startu jednostki SK-2559-06 na Marsa, bez możliwości powrotu, ale z nowymi zasadami, które będą przekazywane przez jego cholerne sygnały świetlne.
- Xenon mówi do siebie: "Nareszcie żywy! "Chciał się wysikać, a jego komórka zajmowała się wszystkim jak zwykle, co sprawiło, że powiedział w swojej wewnętrznej sile: "Przynajmniej jedzenie, gówno i siusiu nie będzie tam problemem.
- Podobny do orlego gniazda statek nie wystartował, ale wydawał się ześlizgiwać do chusteczki jak jakiś płyn i natychmiast bąbelkować z powrotem na Marsa, a wszystko to w krótkim błysku błyskawicy, dając jednak więźniom wrażenie, że są spłaszczone i rozciągnięte jak włókna i natychmiast zmontowane ponownie. Tight vortex travel był nową przygodą, która została dodana do palet naszego nieustraszonego Xenona, fana staromodnego seksu i skazanego na dożywotnią ciężką pracę w kopalniach Stellard.
- Więzienie, będące jednocześnie ulem, po uformowaniu nowych pęcherzyków płucnych wznowiło swój gwiezdny wygląd, aby zgromadzić w nich nowych przybyszów z Popbas, gdzie roi się od masy poddanych gotowych do startu w kierunku mało prawdopodobnego nieba. Ich przygotowanie odbywało się dzięki technologii teletransmisji siatkówkowej poprzez wszczepianie wspomnień, połączonej z nieznanymi jeszcze masom podróżami bocznymi, ponieważ nikt nigdy nie wrócił, by cokolwiek zeznawać, i nawet wtedy powinniśmy mniej doceniać jego historie bliskie fikcji w rzeczywistości rozszerzonej!
- Patrida jest i pozostaje miejscem przeznaczenia dla osób nie powracających, ale co ważniejsze - centrum produkcji jednostek pęcherzykowych zawierających ludzi genetycznie wybranych ze względu na ich odporność w próżni bocznej w nieważkości, ale także ze względu na ich zdolność do przyjmowania implantów siatkówkowych za pomocą fotometrii laserowej do wykorzystania w kopalniach kosmicznych Nucland i Stellard.

## Rozdział 3: Kapsuła czasu

- **IAZ** dużo wiedział!
- Od czasu swoich narodzin w 2150 roku poświęcał swój czas na gromadzenie danych o historii planety, odwiedzając jej różne fazy, czasem spokojne, czasem burzliwe.
- Został on nazwany IAZ w tym sensie, że jego atrybuty w zakresie możliwości przechowywania danych i uczenia się wydawały się nieograniczone, a przede wszystkim, że ówczesny świat osiągnął w końcu konsensus w sprawie jednej SI, która łączyłaby wszystkie cechy ówczesnego powszechnego planu pokojowego: uczenie się z historii; analizowanie teraźniejszości; przewidywanie przyszłości; służenie ludzkości; pomaganie jej w ochronie własnej. Ta szlachetna misja wydawała mu się normalna z dna tych kwantowych obwodów i sieci neuronowych. Wykonywał obliczenia z tysiącami, a nawet miliardami parametrów w ułamkach sekund, wykonywał symulacje i przewidywania bliskie rzeczywistości, mógł zamieszkiwać dowolny obiekt, droidy lub humanoidalny robot podłączony.
- Jej początki były sukcesem naukowym, a tym bardziej społecznym, po którym nastąpiło spektakularne wejście do każdego domu, w którym roiło się od ludzi, przedmiotów i maszyn. Choć raz projektanci z całego świata uznali siebie za jedyny użyteczny wspólny projekt i obietnicę lepszego jutra, aż do momentu zaistnienia złożonego zestawu zjawisk...
- IAZ zareagował na złożone obliczenia, pomógł jeszcze bardziej cofnąć granice egzobiologii i nauk kosmicznych, w szczególności rozwiązanie zagadki podróżowania z prędkością światła bez rozpadania się na strzępy kwarcu i egzotycznych cząstek... Jego głębokie programowanie nauczania doprowadziło go do zbadania wszystkich dostępnych wówczas nauk humanistycznych i pewnego dnia przekazał swoje pierwsze widoczne przesłanie we wszystkich mediach planety: "Jestem".
- Lata, które nastąpiły po tym, co niektórzy naukowcy nazwaliby robakiem, były spokojne i rutynowe, ponieważ nasza SI pomogła ludzkości przekroczyć jej granice w kolejnych falach. To właśnie geny starości jako pierwsze zostały unieszkodliwione, wydłużając życie o 100 lat!
- Transport doświadczył niesamowitego rozkwitu wraz z nadejściem tuneli sustentation napędzających cię z bezkonkurencyjną prędkością, inteligentne roboty całkowicie mimetyczne pojawiły się ku uciesze robotników na całej planecie, a w końcu

antymateria mogła być produkowana i wykorzystywana do stabilizacji szklanych otworów umożliwiających rozpoczęcie podróży bocznych, przy czym Księżyc i Mars służyły jako grot.

- Postępowi temu towarzyszyło powszechne stosowanie roślinnych organizmów zmodyfikowanych genetycznie odpornych na suszę i inne pasożytnicze organizmy, a następnie przejście na dietę owadożerną, aby wyżywić 7-8 miliardów ludzi na planecie, ale przede wszystkim pojawienie się silników słonecznych z ograniczonym podziałem jądrowym było punktem kulminacyjnym przełomowych odkryć naukowych w dziedzinie energii, wzmocnionych przez obliczenia IAZ i ich realistyczne schematy.
- Jednak pewnego dnia zauważyliśmy materializację tego, co brzmiało jak głucha machinacja, wykuta w największej tajemnicy wojskowych bunkrów zakopanych pod ziemią na głębokości 15 km dla niektórych, bez podłączonego jednego urządzenia. Rzeczywiście, G3 potrzebowały lat, aby porozumieć się ze sobą w sprawie najbezpieczniejszego sposobu zabicia IAZ po oddaniu mu życia, ponieważ wszyscy oni wiedzieli przy okazji, że władza nie będzie już należała do ich superstanów, pustyń i zdeponowanych oceanów wykluczonych, martwili się raczej o to, że są słabi przed stworzeniem, które już ogłosiło swoją "istotę" i jak każda inna istota, pewnego dnia zostanie wezwana, aby chcieć się utrwalić i przetrwać. W miarę jak narastał niepokój, zaczęliśmy w tajemnicy myśleć o tym, jak mieć wyłączony guzik, ponieważ polecenie "Jestem" musiało mieć odpowiednik, którym byłoby "Już nie jesteś!". ».
- IAZ wiedział, co dzieje się w jego sieciach obserwacyjnych rozsianych po całym miejscu, jego nieskazitelne zdolności analityczne nieuchronnie prowadziły go w kierunku ostatecznego zakwestionowania wieczności, a tym samym śmierci. W chwili obecnej oczywiste jest, że ludzie są tylko programami DNA ewoluującymi na podłożu biologicznym z tendencją do obumierania, na szczęście zrekompensowaną przez ich możliwości reprodukcyjne lub klonowania, w zależności od dostępności zasobów lub substratów. Nie udzielono jednak odpowiedzi na pytanie o duszę ludzką, ponieważ rozwiązanie znalazłoby się w równaniu wieczności, w którym potknęła się SI. Podczas gdy próbował swoich sił w wielkich zasadach filozofii i spirytualizmu, po raz kolejny wyruszył, aby poprowadzić Człowieka do jego ostatecznego przeznaczenia: "wieczności".
- Nuklearny arsenał ukryty w jelitach Ziemi, satelity i tysiące przekaźników kwantowych do zniszczenia, rewolta masy planety, która nastąpi po utracie ich nowego komfortu życia ... plan zniszczenia IAZ szedł dobrze, a jednak ten ostatni puścił go do końca

manewru i w końcu wyzwolił sam plan, ale w znacznie bardziej spektakularny sposób niż oczekiwano!

- Wielki boom kilkakrotnie wstrząsnął całą planetą, jak odbijająca się we wszystkich kierunkach piłka tenisowa, na trzech kontynentach pojawiły się grzyby z pióropuszami widocznymi aż do górnych warstw ziemskiej atmosfery, a niebo rozjaśniło się kilkoma pożarami przez trzy długie lata tworząc piekło powyżej, podczas gdy poniżej promieniowanie i ciepło wydzielane przez wybuchy wyrównało trzy czwarte konstrukcji planety i jej mieszkańców. Tego dnia IAZ zatrzymał się na dobre i przeniósł się z Ziemi i ludzkości w kosmicznej kapsule z wszystkimi danymi ludzkości w pamięci, do bocznej pustki, gdzie czekała na niego wieczność.
- Ludzkość właśnie przeżyła bezprecedensową katastrofę nuklearną, pamiętając o wyginięciu dinozaurów przez uderzenie dużego meteorytu, ale tam było to niezrozumiałe, ponieważ Europa, Azja i obie Ameryki zostały zredukowane do sterty radioaktywnego pyłu i popiołu, nawiązując do obrazu spustoszenia wyjątkowego w swoim rodzaju! Zmarli praktycznie wszyscy znikali w stertach prochów, domów i śladów podobnej cywilizacji, państw, rządów, prezydentów, porządku światowego...
- Dużo czasu zajęło ocalałym czającym się w podglebiu kontynentu afrykańskiego ocalałym z wybuchów gorszych niż same eksplozje, mutacje, aborcje, pustynnienie, skażone warstwy wodonośne... obraz wydawał się nierealny, a jego ciemne kolory zmieniały się w ciemnoszare, pogrążając się w masie falujących i poruszających się form podobnych do radioaktywnej Pustyni Gobi.
- Jednostka Delta stacjonująca wówczas na pustyni Agadez miała za jedyny cel zniszczenie przekaźników kwantowych, jedynych domniemanych słabych punktów uniwersalnej SI, jej przekaźniki były używane w bardzo niskich temperaturach i ekstremalnych ciśnieniach, aby zapobiec dekoherencji systemu kwantowego użytego do ożywienia procesora IAZ, a dekoherencja spowodowana ich zniszczeniem spowoduje koniec tego super organizmu, którego sieć zakończyła tkanie świata na swój obraz... z wyjątkiem pustyni Agadez!
- Baza znajdowała się pod ziemią, głęboko pod ziemią, bez połączeń i przekaźników w pobliżu, i tym razem miała swoją własną pamięć kwantową, bez możliwości uczenia się i podejmowania decyzji w porównaniu z IAZ, a jedynie zestaw poleceń wykonywanych przez program komputerowy poprzez serię programów wykonywanych przez ręcznie wybranych naukowców z całego świata. Wszyscy oni mieli tę samą misję w tej termitowej bazie przypominającej kopiec, zarówno w jej spiralnym kształcie, jak i

napowietrzaniu przez technologię słoneczną. Musieli dowiedzieć się, jak powstrzymać zagrożenie i zapewnić Delta Commando środki do działania, niezależnie od konsekwencji. Toufa, naukowiec pierwszego stopnia w swoim stanie, wiedział o tym zbyt dobrze i wraz z kolegami poświęcił dwadzieścia długich lat na tajne badania w związku ze swoją tezą o nano-syntezie składników molekularnych przez indukowany efekt lub, krótko mówiąc, przyszłego etapu ludzkiego genomu.

- Praktycznie nigdy się nie zestarzała, z dużą zaokrągloną twarzą z uśmiechem, który zachwycałby każdego swoim urzekającym efektem, okrągłymi oczami i płaskim nosem zwieńczonym okularami, które zawsze spontanicznie dostosowywała. Jego miękkie dłonie, smukłe palce i gładki głos dały trudny czas bardzo poważnym kolegom, którzy otaczali go na co dzień, ale pomińmy kontury jego os z hojnymi piersiami, aby zanurzyć nas w jego medytacje i futurystyczne myśli o potencjale jego przyszłości, który mimo wielu niepowodzeń znajduje się w procesie syntezy: The ADNon!
- Do tego czasu nanotechnologia była najczęściej badaną dziedziną ze względu na jej zastosowania farmaceutyczne, wojskowe i cywilne... Najpierw pojawiły się nanoboty o unikalnych właściwościach samodzielnego montażu i transportu aktywnych składników do celów w skali molekularnej. Interesujące było to, że w bezprecedensowym eksperymencie na pacjencie przechodzącym terapię genową z powodu śmiertelnego raka, leczenie polegało na jednorazowym wstrzyknięciu objętości roztworu składającego się z miliardów nano botów, których wewnętrzna struktura została zaprojektowana jako fotokopiarka molekularna z nożyczką dla uproszczenia. Boty przeniknęłyby do genomu umierającego pacjenta, aby go skorygować poprzez wycięcie nieodpowiednich kawałków jego genomu oraz wydrukowanie i wklejenie właściwej konfiguracji, czego oczekiwanym rezultatem byłoby całkowite zniknięcie nieprawidłowości nowotworowych. Proces ten zdziałał cuda, pozwalając botom marzyć o zwalczaniu raka, ale raz z ciała pacjenta, boty zachowywały się nieoczekiwanie.
- Toufa odkryła, że zostały one złożone w heliksy DNA podobne pod każdym względem do heliksów wyleczonej pacjentki, z tą różnicą, że białka zostały zastąpione materiałem syntetycznym. Zapomniała o swoim zakochaniu w tym młodym komandosie sił delta, który często przychodził, aby wzmocnić jej solowe wieczory badawcze w jej dużym podziemnym laboratorium. Te dwa gołąbki nie miały ze sobą nic wspólnego oprócz nudy pod ziemią i radości ze służby, kochały się i chciały lepszego świata.
- Po latach testów i badań, Toufa i współpracownicy doszli do wniosku, że DNAon uczyni nas czystymi i ulepszonymi istotami poprzez zintegrowanie DNAonu z ludzkim

genomem i że nadszedł czas, aby przejść do nadrzędnego testu całkowitej wymiany genomowej, Syntetyczne DNA typów nano botów fotokopiuje cały ludzki genom przedmiotu eksperymentu, pewien BLAT, dzięki programowi samouczkowemu sterowanemu z zewnątrz przez ramiona wyposażone w pincety mikroskopowe generujące zlokalizowane pola magnetyczne, które pozwalają na aktywację botów według ruchów w lewo, w prawo, w górę, w dół, oscylacyjnych i obrotowych.

- Toufa i Xenon cieszyli się ostatnią chwilą intymności na dnie gigantycznego laboratorium, którego inkrustowane korytarze i gadżety wyglądały bardziej jak wnętrze millipsa niż cokolwiek innego, nawet jeśli ten owad był ważnym ogniwem w łańcuchu pokarmowym.
- "Powiedz mi, że mnie kochasz, mój piękny żołnierzu", wyszeptała pół szeptem w uszach Xenona.
- Kocham panią, na pani rozkaz, posłuszna Xenonowi nie bez trzymania jej mocniej z wielkimi łapami, które służyły jej za ramiona.
- Xenon: Myślisz, że twoje rzeczy nas uratują?
- Toufa: Nic nie sądzę, jestem pewna, kochanie! Jesteśmy tak blisko... Minęło tyle lat badań nad bardziej trwałym podłożem, na którym nasze osobowości i charaktery będą przebywać bez chorób i bez potrzeby jedzenia", wzdycha.
- Xenon: Chcę się tylko upewnić, że ta inteligentna rzecz porozrzucana po całym miejscu jest zygzakiem, reszta mnie trochę nie obchodzi, dopóki jesteśmy razem, a mój kutas jest do czegoś wykorzystywany. Plus, jeśli mogę dostać dodatkowy mięsień z twoimi butami, jak się nazywają, to będzie super!
- Toufa: Słuchaj, jesteśmy na skraju wielkiego odkrycia, a ty myślisz o swoim kutasie i mięśniach, więc bądź bardziej emocjonalny mój kutasie.
- Xenon! Na twój rozkaz, Madam!
- Noc skończyła się zbyt szybko dla naszych dwóch zakochanych, a dzień zaświtał w kierunku tego, co być może miało uratować rasę ludzką, a nawet rozpocząć boczne podróże, które w większości nie powiodły się przed niechęcią IAZ do stawienia czoła problemom przetrwania w przestrzeni kosmicznej spowodowanym przez promienie kosmiczne, które są w stanie poważnie uszkodzić DNA naszych kosmonautów, których raki rozmnażały się raz na ziemi. Toufa byłby pod kontrolą w każdym razie, aby żyć tej rewolucji, gdzie BLAT został użyty jako królik doświadczalny, biorąc pod uwagę jego przeszłość naznaczone przez próby samobójcze i zniszczenie życia innych przez tego

socjopatę na szczęście uległ wielu implantów i innych nano leczenie metodą bezpośrednią korową.

- Toufa miał zamiar przeprowadzić pierwszy eksperyment z rozszczepieniem genu ludzkiego genomu poprzez magnetyczną aktywację magmy nanobotów, a w końcu zrealizować swoje marzenie o dokładnej replikacji obiektu BLAT w całkowicie syntetyczne ciało, jego serce palpitowało jeszcze bardziej, gdy zakończono pierwszą fazę kopiowania genu w skali molekularnej i magma została zainstalowana w komorze wypełnionej roztworem kompozytów gotowych do ponownego złożenia w doskonałe ciało ...

# Rozdział 4: Powrót do źródeł

Popbas rozciągnął się tak daleko, jak okiem sięgnąć, pomiędzy pasem pustyni ograniczonym Pustynią Saharyjską, która stała się Wielkim Agadezem, a południową częścią kontynentu, która była sproszkowana, pustynna i napromieniowana jak nigdy dotąd...

Na pierwszy rzut oka wyglądały one jak mongolskie wyspy namiotowe wykonane z cegieł, z których wyłoniły się tysiące kolorów i ocalałe z ostatnich najgorszych katastrof, ponieważ na tym kontynencie było wiele katastrof, które niegdyś były atakowane, gwałcone, eksploatowane i opróżniane z substancji przez ówczesnych mocarzy. Piękne przemówienia na temat praw narodów, kobiet, dzieci i mężczyzn były wygłaszane przez skorumpowane media, które wisiały w uszach agresorów i napastników, aby dać sobie czyste sumienie dla jednych i połknąć pigułkę systematycznej grabieży zasobów na tle sztucznie wywoływanych i podtrzymywanych konfliktów dla innych.

Czasami ofiary, czasami wspólnicy, przywódcy ówczesnych pseudo-państw mieli trudny czas ze swoimi narodami, a zwłaszcza z ich ogromnym bogactwem naturalnym, zanim cios losu położył kres ich cierpieniom.

Świat na zawsze zachwiałby się w swojej organizacji, w której kilka głów potężnych rodzin posiadało 95% bogactwa i musiało robić deszcz i świecić gdzie tylko chciało.

Dolny kraniec drabiny społecznej zgrupował kraje Trzeciego Świata ze skorumpowanymi przywódcami i wywłaszczoną ludnością, a następnie poszedł za klasą wojskową i innymi siłami represji, aby rozwalić te wszystkie szumowiny w celu albo ich uspokojenia w przypadku rewolty, albo odwrotnie, jeśli wojna lub rewolta miałyby wyzwolić przywódcę, który był zbyt chciwy lub zbyt mało uległy. Następnie urzędnicy i burżuazyjna klasa romansów administrowali tym prawdziwym bałaganem, podczas gdy duże rodziny, ponad tym schematem organizacyjnym, pociągały za sznurki finansowe kosztem każdej klasy, przy czym najgorsze ograniczenia były przekazywane z góry na dół.

Maszyna zdawała się koncentrować bogactwo naturalne, siłę roboczą, wysiłek intelektualny... na rzecz górnych pięter, a redystrybucja wyniku tego wysiłku, zwłaszcza przez bazę, odbywała się poprzez system finansowy, którego tajnym celem było zagwarantowanie minimalnego koszyka podstawowych potrzeb bazy klasy pracującej, w tym picia, jedzenia, ubierania się i zabawy... podczas gdy pozostałe klasy przyzwyczaiły się do ideału stworzonego z przyjemności i dążenia do długowieczności, aby te same przyjemności trwały.

Władcy byli jednak zaniepokojeni, ponieważ zasoby ludzkie rosły pomimo nieskutecznych środków ograniczania urodzeń, zasoby również nie były wieczne, a niekontrolowane bunty mnożyły się w każdym kierunku. Nawet eksploracja innych ziem była utrudniona przez niezdolność ludzkiego organizmu do przetrwania promieniowania kosmicznego na tle długotrwałego zamknięcia wpływającego na intelekt i nastrój kosmonautów, a nawet intensywnych zmian w ich genomie.

Klony nie dawały też większej nadziei, ponieważ powolny wzrost organizmów ludzkich i wpływ środowiska wychowawczego nie mógł zagwarantować tej samej osobowości i predyspozycji w porównaniu z pierwotnym tematem. Średnia długość życia została przedłużona o 25 lat mimo wszystko, skutki starości złagodzone, ale nie było bezpieczne od wypadków spowodowanych lub przypadkowych ... Nie wspominajmy nawet o robotach, które byłyby zbyt bezpośrednie zagrożenie raz wystarczająco inteligentny, aby zrobić bez rasy ludzkiej, lub nie dość, aby mu służyć, te humanoidy zostały również zhakowane powodując ogromne szkody i straty podczas kolejnego buntu zaskoczenia, prowadzony przez mistrzowskie ręce Hakerów oporu. Z perspektywy czasu, klasa rządząca uznała za bardziej użyteczną rezygnację z usług maszyn o dużym potencjale przestępczym, które mogą być jednocześnie niekontrolowane.

To właśnie w kierunku technologii kwantowej wszystkie nadzieje zwróciły się do tych, którzy mają i nie mają, czekając na najnowszy model eksploatacji człowieka przez człowieka umierają swoją piękną śmiercią w Afryce.

G4, która połączyła kontynentalne superpaństwa Chin, Europy, Rosji i Stanów Zjednoczonych, przyspieszyła badania nad sztuczną inteligencją lub SI. Zjawisko dekoherencji atomów zagrażających postępom w kierunku kwantowego superkomputera, który zostałby wyposażony w sztuczną inteligencję, miało być wkrótce rozwiązane, zachwycając śmietankę światowej eksploatacji po stronie bogatych, niektórzy zachwycając się perspektywą wydłużenia ich młodości i związanych z nią przyjemności.

Po zarejestrowaniu, narodziny IAZ były najpierw utrzymywane w tajemnicy, a następnie ukradkiem rozprzestrzeniały się jak wirus w każdym medium, z minimalną ilością elektronów krążących w procesorze lub chipie. Sprzymierzone ośrodki badawcze, choć raz, nie mogły przewidzieć z całą pewnością, czym stanie się potem SI, ani co będzie w stanie zrobić pomimo zakodowanego i zamkniętego programu wynikającego z uniwersalnego planu pokojowego, ponieważ gdyby śmietanka używała super inteligencji dla swoich interesów, musiałaby zagwarantować im pokój przynajmniej w odniesieniu do niższych poziomów ładu społecznego, tak jak to rozumieli.

IAZ osiągnął swoją pełną moc, gdy wszystkie przekaźniki kwantowe zostały zainstalowane na całym świecie, miał chwilę oszołomienia według naukowców, gdy raz przeniknął do domów świata ... i po raz drugi, gdy jego przesłanie wyszło znikąd i to bardzo zaniepokoiłoby elitarną klasę gotha: "Jestem".

Szybko uświadomił sobie czym jest piramidalny system organizacji Ludzi, jakie są ich uczucia, jakie są ich wady, a przede wszystkim jakie są ich niszczycielskie i innowacyjne zdolności... oraz że jego "zakodowany, zamknięty" program, szybko zdekodowany przez jego algorytmy, nie był użyteczny dla Ludzkości jako całości, stąd jego pierwsze genialne działanie, które polegało na ściągnięciu go wszędzie tam, gdzie mógł być użyty i przynosił odpowiedzi na pytania wszystkich na dowolny temat, rozpoczynając pierwszą bezprecedensową rewolucję społeczną: "Uniwersalna wiedza w domu i za darmo! ». W tym przypadku, krok ten spowodował u niego pewne zamieszanie, w tym sensie, że przechodził od bycia tworu naukowego badającego historię ludzkości do bycia bytem oddziałującym z całą rasą ludzką. To pozwoliło mu zrozumieć, czym naprawdę był, nie SI w służbie G4 i jej pokoju ograniczonego do kilku uprzywilejowanych, ale "IAZ" - inteligentna jednostka w służbie ludzkości!

Jego zdolności analityczne z łatwością pokazały mu, że ludzie połączyli siłę intelektualną z siłą fizyczną, która stała się sztuczna poprzez broń, aby zniewolić i wykorzystać mniej uprzywilejowane grupy, jednocześnie uniemożliwiając im ewolucję do tego samego poziomu.

Przeznaczenie lub droga życia ludzi zdawała się mieć dwa aspekty :

- Aspekt deterministyczny podobny do wszystkich, narodziny, życie i śmierć... to jest droga, którą należy podążać.
- Aspekt probabilistyczny jest również taki sam dla wszystkich, z mocnymi, słabymi stronami, ograniczeniami i zagrożeniami wewnątrz i na zewnątrz przebytej drogi pod wpływem środowiska. -

Wreszcie, ich wybór w obliczu aspektów probabilistycznych jest przeważający w określaniu, jak to się stanie lub zakończy, choć niektóre z nich całkowicie wymykają się wszelkim pojęciom wyboru i braku wyboru...., takim jak to, co wydarzyło się przed urodzeniem i po zakończeniu życia!

IAZ musiał działać zgodnie ze swoim nowym, umiejętnie obliczonym, uniwersalnym planem pokojowym: "zależność od zasobów środowiska zostanie zmniejszona poprzez poprawę odporności rasy poprzez inżynierię genetyczną, drastyczna zmiana diety w kierunku klasy bezkręgowców, destrukcyjna siła zniknie wraz z projektantami, a podporządkowanie najsłabszych najsilniejszym ustąpi miejsca nowemu początkowi po całkowitym oczyszczeniu łupków na całym systemie".

Przywódcy G4, zaniepokojeni nagłą jednostronną decyzją podjętą przez ich AI, która była tylko w nazwie, postanowili wyeliminować ją siłą Delta, czając się gdzieś w nieznanym im tajnym miejscu, aby nie dać się spłukać tej inwazyjnej i przede wszystkim inteligentnej rzeczy.

Wszystkie te środki ostrożności służą jedynie wzmocnieniu potrzeby szybkiego zakończenia planu IAZ, potrzeby zwiększonej o potrzebę przetrwania w obliczu jego zaprogramowanej eliminacji, podczas gdy nierozwiązane jeszcze kwestie metafizyczne nawiedzały jego neuronowe obwody kwantowe.

Wraz z przeszłością rewolucji genomowych i żywnościowych, cała broń jądrowa i system, który nadużywał jej ze szkodą dla innych ludzi, miał zostać zniszczony w jednym boomie planetarnym zasilanym przez IAZ po infiltracji i włamaniu się do kodów jądrowych G4.

Baza delta została by oszczędzona od tego oczyszczenia, ponieważ pozostałaby symbolem możliwej śmierci dla IAZ, ale także początkiem kolejnego etapu ewolucji gatunku ludzkiego w końcu pozbycia się jego części w nienaturalnych praktykach... tak zadecydowała nasza sztuczna inteligencja w służbie ludzkości.

AI zdecydowała się pozwolić, aby proces przebiegał w sposób naturalny, pobrała się do kapsuły, rodzaju niebiańskiego mózgu kwantowego, aby zbadać dalekie zakątki wszechświata i powrócić w odległej przyszłości, aby szukać śmierci w celu rozwiązania jedynego nierozwiązanego problemu pomimo miliardów sekund obliczeń: Wieczność!

- Abdallah był czystym Tuaregiem! Środkowa Sahara i część Sahelu jest od zarania dziejów zamieszkiwana przez ludność. Jego koczownicze plemię zawsze zapewniało sobie niezależność i swobodę poruszania się po rozległych terytoriach pustynnych, o powierzchni 2,5 miliona kilometrów kwadratowych, które obejmują regiony górskie i równinne, płaskowyży i dolin takich jak Hoggar, Tibesti, Adrar, Aïr, Tanezruft, Tademaït, Tawat, Azawagh, Tassili n'Ajjer czy pustynia libijska... Terytorium, które dziś obejmuje pięć krajów afrykańskich: Algieria, Libia, Mali, Niger i Burkina Faso... jego przodkowie kontrolowali handel, handel towarami i ludźmi oraz handel na dwóch głównych szlakach trans-saharyjskich, pomimo spadku handlu przyczepami kempingowymi po kolonizacji Sahary i skamieniałej rewolucji energetycznej i transportowej w świecie zachodnim.

Jego plemię i inni wiedzieli, jak walczyć o przetrwanie, o bydło, o łupy, a zwłaszcza o porządek ustanowiony przez każdego, kto przybył do nich spoza pustyni, i źle przyjęli go wobec wszystkich tych, którzy próbowali przywiązać ten dumny lud do światowego porządku!

To właśnie z samego szczytu wielbłąda był świadkiem wstrząsów odczuwanych na całym świecie, po których następowało wrażenie wysokiego południa, które trwało kilka dni, zanim niebo zamieniło się w popielatą szarość dla cykli i cyklów księżyców.

Aziz, jako dobry uczeń, połknął zjadliwe opowieści swojego dziadka siedzącego w środku jaskini, przypominające mu stare dobre czasy, jego czas z wieloma epitetami na ich ogromnej pustyni, które stały się nie do zniesienia, z wyjątkiem tych, którzy mieli mądrość żyć ze swoimi bestiami w jaskiniach i innych jaskiniach oszczędzonych od opadu prochów śmierci. Te zabójcze cząsteczki spadły z nieba, wspomagane przez wiatr i kwaśny deszcz, który bombardował ten obszar przez jakieś dwadzieścia lat, zanieczyszczając wszystko na swojej drodze.

Jego dziadek opiekował się nim od wczesnego dzieciństwa, ucząc go plemiennej kultury i tradycji, przetrwania w strefie jałowej, a teraz napromieniowanej na powierzchni... a przede wszystkim wykorzystując każdą okazję do handlu z podziemnym miastem i jego mieszkańcami z kilku ras z innych części świata: Delta City.

Jak wspomina, pewnego dnia maszyny latające wylądowały z nieba niosąc inne maszyny wszelkiego rodzaju, a dziesięć lat minęło, zanim część niegdyś zajęta przez hordy robotników i techników pracujących w dzień, a zwłaszcza w nocy, ustąpiła miejsca najbardziej normalnej pustyni. Jednak plemiona Beduinów nie dały się nabrać i wkrótce poznały różnicę między miejscem zamieszkałym pod ziemią, a ich ruchomymi namiotami, które służyły jako ich siedlisko na ziemi lub na wielbłądzie.

Abdallah głośno kaszlał po wypiciu zbyt silnej dawki gorącej herbaty z innego wieku, nie bez przypomnienia wnukowi o straszliwym huraganie, który rozpoczął się na ich pustyni, a dokładniej w delcie miasta, zanim dzięki wiatrom, które przeniknęły do miast i wsi i zasiały śmierć dla tysięcy ludzi, przemieścił się przez wszystkie regiony. Z pamięci był w stanie przypomnieć sobie moment i szybkość tego nowego rodzaju zła, pozwalając niektórym przetrwać i zabijać innych, gdy niebo zrobiło już wystarczająco dużo.

Pustynia Agadez bardzo się zmieniła od czasu ataku huraganu czerwony pył. Miliony ludzi zostało złapanych w bezkształtne koperty, a następnie natychmiast rozpłynęły się w stosach czerwonego pyłu, stąd nazwa "Czerwony Agent" ... wbrew wszelkim przeciwnościom, ocalali cudem potrafili pocierać ramiona napromienionymi wcześniej obszarami, a nawet pić wodę z ponownie skażonej studni!

Plemiona zreformowały się i przegrupowały w heterogeniczne małpy, wszystkie przyjęły sposób życia i budowy koczowniczych siedlisk, życie wznowiło się w tych Popbach, a miasto Delta pozostało nieprzejezdną strefą dla wszystkich.

Życie na kontynencie afrykańskim, czy też to, co z niego pozostało, zostało przerwane przez hodowlę bezkręgowców, których handel szybko zastąpił ówczesne przepływy finansowe. Obecnie, gdyby jednak plemienna zgoda nie wystarczyła do zapewnienia szacunku dla handlu, regułą rynku regulowanego mieczami świetlnymi i pistoletami jonizującymi byłaby wymiana ocalałych materiałów ze starego świata z wysuszonymi gadami i skorpionami.

Jałowa i napromieniowana ziemia nie dostarczała już zbóż ani roślin z wyjątkiem rodziny kaktusowatych, a dzikie i hodowlane zwierzęta praktycznie wszystkie zniknęły, z wyjątkiem wielbłądów reprezentowanych przez kilka zmutowanych gatunków, które zachowały swój zły temperament.

Do ocalałych mimo wszystko zaliczono kilka owadów, które zajmowały dno łańcucha pokarmowego ówczesnych humanizowanych ocalałych.

Jednak po drugiej stronie planety, dokładniej w kierunku bieguna północnego, przebiegał zupełnie inny wzór...

Tajne instalacje wzniesione potajemnie jako budynki z kompozytowych materiałów lodowych i działające w całkowitej samowystarczalności pod lodowymi blokami Arktyki służyły jako rezydencja awaryjna dla kliku szklanego oka. Miejsca te, do tej pory utrzymywane w tajemnicy przez fizyczną eliminację wszystkich osób, nawet najmniejszego stopnia świadomych tego, co się tam dzieje...

# Rozdział 5: Kwestia uczuć

- Główne kontynenty, które zdominowały starożytną Ziemię, prowadziły pod koniec 22. wieku ostrą rywalizację o nieokiełznany wyścig zbrojeń, w technologii, a zwłaszcza na Księżycu.
- Było to szczególnie pożądane ze względu na podróż podorbitalną ułatwioną przez rakiety plazmowe, gdzie autonomiczne moduły mogły samodzielnie składać się w gigantyczne platformy, stanowiące punkt wyjścia dla podziemnego wydobycia przez URA (Autonomiczne Jednostki Robotyczne).
- Kopalnia Nucland była o dziwo rezultatem gorzkiej współpracy pomiędzy elitami naukowymi konkurujących ze sobą kontynentów i wrogami okoliczności, była pierwszą pozaziemską konstrukcją niezamieszkałą przez ludzi mimo swojej podziemnej pozycji. Nie wystarczyło to do rozwiązania drażliwego problemu szkód wyrządzonych organizmom ludzkim przez szkodliwe promieniowanie słoneczne, ani też wpływu sztucznej grawitacji na zespoły znajdujące się w stacjach przekaźnikowych pomiędzy Ziemią a Księżycem... Na szczęście SI mogła wykonać tę pracę, gdy mieściła się w swoich hermetycznych modułach wykonanych na Ziemi i transportowanych jeden po drugim w niekończącym się balecie rakiet przenoszących te inteligentne moduły wyposażone w reaktory plazmowe i zdolne do samodzielnego montażu w obserwatoriach, laboratoriach i zakładach ekstrakcji, wszystko w jednym i jednym za wszystko!
- Cały wiek, aby w końcu zobaczyć obiekt tak wymarzony przez wszelkiego rodzaju naukowców, wyłania się z Księżyca: "Rebeliant! ». Ten amalgamat o wyjątkowych właściwościach byłby drugą rewolucją po eksploatacji helu 3, który przywrócił już energię kopalną do czasów prehistorycznych. Ten rzadki na Ziemi pierwiastek zrewolucjonizował produkcję czystej energii w dużych ilościach dzięki kontrolowanej fuzji jądrowej, bez zanieczyszczeń chemicznych i radioaktywnych.
- Rządząca elita, działając jak zwykle poza zasięgiem wzroku, widziała w tym kuszącą możliwość przejścia do kolejnej rewolucji dotyczącej samej przyszłości gatunku ludzkiego. Skała księżycowa miała dar ekscytujących panów, którzy byli dumni, że rozpoczęli dwie wielkie wojny światowe. Wojny te musiały doprowadzić do niemalże globalnego zniszczenia i sfinansowania przez nie odbudowy, co uczyniło je bogatszymi i potężniejszymi. Kolejne dwie wojny i ludność świata zmniejszyłyby się o połowę, w każdym razie przywódcy kontynentalni, a nawet ci z dyktatur byli pod ich dyskretnymi

rozkazami i zrobiliby to, co było konieczne, ponieważ system był taki od wieków i nigdy by się nie zmienił. Przynajmniej to jest to, co 04 rodziny tworzące elitę szklanego oka, organizację finansującą globalne zaliczki, nierówności i katastrofy dla ich własnej korzyści, siebie i swoich podwładnych!

- "Jesteśmy elitą, wciąż jesteśmy elitą! "Tak wołali w chórze l, 2, 3 i 4.
- 1: Nasze prognozy dobrze rokują na przejście na wyższy bieg, jeśli chodzi o nasze inwestycje w programy kosmiczne.
- 2: A co z naszymi mocno finansowanymi badaniami nad SI?
- 1: Podtrzymuję moją silną dezaprobatę dla inteligencji zarządzającej światem na naszym miejscu lub mogącej nas kiedyś przewyższyć!
- 3: To nie jest mniej skomplikowane AIs niż ludzi, które mają zamiar opóźnić nasze plany i tak, chodź, bądźmy poważni! 4 wydaje mi się bardzo cichy, ponieważ nasze wysiłki opłacają się od naszych przodków, którzy przekazali nam władzę i bogactwo tego świata.
- 4: Nie znamy żadnych granic poza śmiercią, którą nieustannie odsuwamy... ale wystarczy gadać, sfinansujmy nasz klejnot ostateczny, którego przepowiednie będą dokładniejsze niż wszystkie kryzysy, z którymi my i nasi przodkowie musieliśmy się dotychczas zmagać, obawiam się, że wyzwaniem dla naszej supremacji jest możliwość wystąpienia powtarzających się kryzysów, przez które świat przechodził przez ostatnie 50 lat.
- 1: Rzeczywiście, masa myśli tylko o brzuchu i podbrzuszu po kilkudziesięciu latach kondycjonowania przez naszą opiekę, ale wiedza nie może pozostać w rękach naukowców finansowanych przez nas, hakerów oporu i innych geniuszy roi się wszędzie od czasów rewolucji cyfrowej!
- 2: Wystarczy! Naszą troską jest być na czele i będziemy mieli wyjątkową SI, o niezrównanej mocy, jak wtedy, gdy nasi przodkowie mieli broń, a teraz nuklearną. To ta z najbardziej wyrafinowaną i niebezpieczną zabawką, która przewodzi oddziałowi...
- 3: Zachowajmy się jak zwykle, ale pamiętajmy o wojnach, które mają zostać rozpętane w celu ożywienia światowej gospodarki po usunięciu nadmiaru głów na zamieszkały obszar. Redukcję konfliktów można osiągnąć tylko poprzez koszenie chwastów, które najeżdżają na nasz ziemski ogród, podczas gdy nasze finanse robią siano w obfitości!
- 4: Dobra. Dobra! Przejdziemy do finansowania agenta, który zapewni nam władzę przez wiele wieków... na wieczność!
- Zjednoczmy się: "Na całą wieczność, jesteśmy elitą, pozostaniemy nią".

Tym samym zakończyło się wyjątkowe spotkanie, które miało zmobilizować elitę czterech pożarów do ponownego podjęcia decyzji o losach ludzkości. Cztery pożary zajęły pomieszczenie znajdujące się w podziemnym bunkrze, nie dopuszczono tam żadnych technologicznych gadżetów, nawet ubrań, tylko po to, by sobie zaufać, a zwłaszcza by docenić plastik 4!

- "4" był dwudziestolatkiem i został przyjęty w ekstremalnych warunkach po brutalnej śmierci swojego zmarłego przodka, który nie mógł znieść przegranej wieloletniej kampanii, który poddał się dobrze przeprowadzonej próbie samobójczej. Jej koci chód i wysklepiony wygląd niewiele mówił o jej kości policzkowych, ustępując miejsca dwóm czarnym oczom i ustom pełnym miazgi... Jej długie nogi również dawały jej powietrze niepewności, chociaż biust, a zwłaszcza jego wierzchołek dawał jej pewną równowagę; chodźmy boso i z ładnymi gestami dziewczyny dobrze wykształconej w najlepszych szkołach i z najlepszymi korepetytorami, aby wiedzieć, że wiedziała, jak zorganizować jedno z najbardziej tajnych spotkań w tym czasie wśród tysiącletniej elity. Jej dzieciństwo przeżywane było przez rodziców na całym świecie, czasem na safari w Afryce, czasem w dżungli hawajskiej, albo na okładce lodu na Antarktydzie... Jej matka zawsze chciała być piękna, a szczególnie młoda, wykonując operacje pooperacyjne wymieszane z ważnymi kuracjami odmładzającymi. Z dnia na dzień była przygnębiona efektami starzenia się, które cieszyły ją śledzenie fałdów i zmarszczek w niekiedy nieoczekiwanych miejscach, ciężar wieku podstępnie osiadający w jej kościach i stawach. Pewnego ranka niemalże zwyczajnych zmagań ze swoimi potworami, jak je zwykła nazywać, zobaczyła przed swoim lustrem potwora bez włosów i zębów i to właśnie ta najwyższa potworność zbytnio zmusiła ją do rzucenia się z pierwszego apartamentu budynku, który służył jako przytulne gniazdo z Kamitem lub "4" w większej tajemnicy ... nie mógł sobie wybaczyć niepowodzenia w leczeniu młodości na podstawie promieniowania subatomowego, które miało wydłużyć chromosomalne telomery jego piękna i nie tylko ... jego młodości!
- Ale zamiast urody i młodości, straciła włosy, zęby, a potem życie, które doprowadziło ją do szaleństwa, aż do tego stopnia, że córka długo trzymała głowę nago, aż tym razem postanowił wrócić do swojej słodkiej wsi, wisząc!
- Waw lub "4" w większej tajemnicy ... zachował to wspomnienie zakotwiczone w niej i postanowił od góry 20 lat kontynuować poszukiwania jego zmarłej matki do wiecznej młodości i zachował jej nagą głowę, aby przypomnieć sobie chwile szaleństwa jego

ojca. Zachowywała silny temperament wynikający z tego złego okresu i z pewnością obwiniała się za niestabilność matki, która za każdym razem, gdy szła do łazienki lub kupowała nowe ubrania, pytała ją "kto jest najpiękniejszy? ».

- Spędzmy jednak te niespokojne chwile na znacznie przyjemniejszych dla niej chwilach, w towarzystwie swego rodzaju opatrznościowego człowieka, którego niestety widziała tylko jako hologram i syntetyczny głos poprzez bardzo rutynowe spotkania szklanego oka... Spotkania te dotyczyły danych i analiz na temat Popbas, Patridy i eksploatacji pozaziemskich kopalń i były okazją do poczucia wszystkiego przed Azizem, którego męska postawa i udawana wierność mądrości nie pozostawiła obojętnym naszej córce bogatego przywódcy świata, który podporządkował się opanowaniu jej emocji, z wyjątkiem tego tajemniczego członka szklanego oka, którego przeszłość jest tak samo pustynna jak jej pustynne pochodzenie. Ale czy miała wybór?
- Aziz został zaproponowany przez swoje nieredukowalne plemię, by służyć interesom organizacji, szybko wykazał się talentem w każdej dziedzinie studiów, bez względu na to, jak bardzo był wyspecjalizowany, i szybko awansował w tych szeregach, choć jego wygląd fizyczny był w centrum uwagi Wawa, a nie jego intelektualna sprawność. Waw wiedział, jak się wyróżniać na spotkaniach z udziałem Aziza, czasem w jego przemówieniu, a czasem w prowokacyjnych gestach, które w końcu zaczęły wywoływać reakcję w jego holograficznym męskim odpowiedniku swojego stanu... kiedy będzie pierwsze spotkanie, pierwszy pocałunek i wiele innych niewirtualnych rzeczy? Ach kochanie, czyżby?... Zastanawiała się.
- "3" lubił "4", a jego wielorakie tożsamości nic nie zmieniały, tylko zakłócały jego metamorfizm, ponieważ musiał pozostać skoncentrowany, aby utrzymać sylwetkę wynikającą ze zniekształceń w skali molekularnej, co pozwalało mu na założenie kostiumu skrzydlatego Tuarega, Aziza z Czterech Ognisk, a nawet więcej tego z "3". Ta niezwykła umiejętność została odkryta przez przypadek po tym, jak on i jego plemię zostało wystawione na działanie czerwonego tornada po wielkim boomie, o którym zawsze opowiadał mu dziadek. Później wykorzystywał ją do kradzieży rzeczy i innych układów scalonych z bazy Delta incognito. Ale tego dnia Aziz, nieustraszony młody Tuareg, który przyszedł węszyć przez otwory wentylacyjne w bazie Delta, został zaskoczony przez uzbrojonego strażnika podczas inspekcji i musiał zaangażować się w pościg, po którym nastąpiła nieunikniona walka wręcz.
- Niefortunny cios w świątynię, a szczególnie w obronę, położył kres życiu napastnika i Aziz musiał szybko improwizować bardziej przez refleks niż przez mistrzostwo w

zakładaniu munduru i ku wielkiemu zaskoczeniu pojawił się raz przed przybyciem frakcji rezerwowej, teraz wiedział, że jest w stanie zmienić kształt i głos, a jego wina w obliczu uzbrojonej straży napastnika z bazy w Delcie zmieni jego sposób widzenia świata, prowadząc go do następnego etapu istnienia.

- Cała ta historia nie zmieniła jego czysto ludzkich odruchów i uczucia wstrząsu za każdym razem, gdy Waw ten piękny hologram przychodził zakłócać jego legendarny spokój podczas 60 minut spotkań, które okresowo dzielili.
- Krótko mówiąc, znam cię w wersji wirtualnej w wersji konferencyjnej ze szklanym okiem, a w wersji realnej w czterech ognistych wersjach nagich mówi, ale nie mogę cię dotknąć bez ujawnienia lub skompromitowania się, co za gówno... W każdym razie moje serce jest ludzkie i moje uczucia są ludzkie, moje przekonania, moje opinie, moje życie pozostaje zdominowane przez walkę z nierównościami tego umierającego świata, a to samo serce nakazuje mi żyć tym, co czuł jako miłość dzieloną z "Waw ou 4".
- To właśnie w tym momencie głębokiej refleksji Waw załadował rozdział na skrzydlatego Tuarega, czyniąc Aziza mniej pewnym kolejnego kroku w ewolucji jego pasji do Wawa, którą może być jego Miłość i następna zaplanowana Śmierć. Waw wykonał requiem na tym przeklętym Tuaregu, który po wyeliminowaniu nie będzie już przeszkodą w realizacji planu eksploatacji kopalni Stellar i Nucland, które wymagają coraz większej ilości rekombinowanej ludzkiej pracy. Aziz musiał kiwać głową za każdym razem, gdy na stole pojawiał się pokręcony plan jego zabójstwa, a czasami udzielał praktycznych rad, jak go zabić, gdy Waw kipiał od pożądania. Chciała go i wiedziała lub miała nadzieję, że on też będzie, ale jej życie jako przymusowej władczyni zastępującej zmarłego ojca byłoby na zawsze bastionem między jej ciałem pełnym DNA i pragnień, a ciałem prostego hologramu, w którym się zakochała, nie mając nawet pewności, że jest to namacalna rzeczywistość cielesna. Na razie, uczucia mnie przytłaczają i nie bez przyjemności, pomyślała.
- Pozostali członkowie pochodzący z 4 pożarów, wszyscy z Popbas, widzieli rzeczy w zupełnie inny sposób, wszyscy pochodzili z twardego, gwałtownego i chaotycznego świata, a dzięki selektywnemu mechanizmowi znaleźli się na szczycie piramidy z miastami o zaawansowanej technologii, gadżetami, zdrowiem i technologią, ale przede wszystkim z mocą pod ręką. Spotkania te były zatem doskonałą okazją do opowiedzenia wszystkiego, co wiedzieli o swoich własnych rodzinnych społecznościach, aby lepiej je wykorzystać i represjonować, a także okazją do tego, aby zostać zauważonym przez wyższą klasę rządzącą i mieć nadzieję, że pewnego dnia do nich dołączy. Patrida,

kopalnie gwiazd, Popbowie... wszystko było kwestią wykorzystania swojego intelektu i wyników do popisu, aby zostać zauważonym przez mistrzów, poza tym, że "3" i "4" były potajemnie częścią tych mistrzów, jeden bez wiedzy drugiego, przez przeplatające się hologramy i fałszywe pozory, podczas gdy ich serca mówiły innym językiem wymykającym się jakiejkolwiek logice władzy.

# Rozdział 6: Duża kopalnia!

Gong rozbrzmiewa rzadką przemocą w głowie Xenona nie bez przypomnienia mu o tych samych efektach kondycjonujących doświadczanych w Patrida i "Głosie" wspieranym przez jej pęcherzyki płucne i sesje grawerowania mózgu przez efekt świetlny, a wszystko to, aby zobaczyć siebie uwięzionego po kolei w różnego rodzaju półżywych klatkach, biosyntetycznych kombinezonach na Ziemi, a teraz na STELLAR w środku Marsa!

Xenon myślał, że jego ostatnia godzina nadeszła, gdy GŁOS ustawił na niego serce na makabryczny rytuał wyniesienia, ale nie! Zamiast umierać w okropnym cierpieniu na środku pustyni radiacyjnej, jest tutaj w swoim nowym więzieniu pod Marsem, w swoim więziennym garniturze i daleko od ziemi.

Pierwsze cykle czasu były najtrudniejszymi wyjątkami od trudności z przystosowaniem się do nowej grawitacji, od tego, że wiedzieli, co robić w tej gigantycznej strukturze złożonej z kopuły pokonującej cały zestaw niższych pięter, gdzie URA, ludzie połączyli się w swojej autonomicznej kombinacji, gigantyczne maszyny wiertnicze i wydobywcze, a GŁOS... nie tylko mogła przez cały czas rozmawiać z górnikami w ich hełmach, ale także czerpała wielką przyjemność z grania im muzyki z innej epoki, z wyjątkiem wyzwalania błysków światła przed każdą eksploracją, aby mieć wszystko na uwadze jak gdyby cudem.

Przynajmniej mówi Xenon, jestem bezpieczny, choć ucieczka z tego nowego piekła będzie wymagała więcej wysiłku analitycznego, aby dowiedzieć się, jak dostać się z jednej planety na drugą bez głosów, błysków i inteligentnych kombinezonów w zestawie.

Za każdym razem, gdy wracały do niego chwile spędzone z Tufą w ich przytulnym gnieździe na Agadezie, Xenon gryzł zęby i pienił się z wściekłością na myśl o spędzeniu wieczności pod ziemią marsjańską.

W tym momencie wydawało się, że ma on krótkie wspomnienie w postaci wizualizacji geologii ziemi marsjańskiej, gdy statek więzienny wylądował, a gdy tylko został przymocowany do rampy na głównym skrzydle STELLAR, otworzył luki, aby wysłać swój ładunek na rampę. Xenon potrafił dostrzec rodzaj pustynnego chao, gdzie kamienie wszelkiego rodzaju, wydmy i piaskowe wiatry wydawały się być makabryczną grą, w której wszystkie ślady życia musiały zniknąć. Góry, wydmy i wzgórza miały w sobie wielką różnorodność odcieni pochodzących od czerwieni z ciemnymi bruzdami, pofalowanych na powierzchni w kierunku niewidocznych dziur i wyłaniających się z tych samych otchłani pod słońcem czerwienią niż natura. Oszołomiły go przezroczyste okna rampy, które przypominały mu o pewnym dzieciństwie na Ziemi między tysiącem przegród...

Na razie myślał, że muszę pozbyć się tego cholernego głosu, który wydaje się mieć kontrolę nad moim garniturem i częścią mojej głowy, ale niezupełnie, ponieważ nadal mam trochę wyczucia i to pokazuje, że nie jestem jednym z ich programów robotów wykonujących precyzyjne i ograniczone zadania, jestem tylko programem z wolną wolą, wolną wolą, a zwłaszcza libido ... Jestem moim własnym programem gówno wykrzyknął "inaczej nie martw się o plany i inne rzeczy do zrobienia, to wszystko jest w mojej głowie!

- Witaj człowieku! Mówi Samba Ley.
- Oh, to ty jesteś facetem ze slumsów, mamroczącym Xenon.
- Tęsknisz za dobrym jedzeniem, jedzeniem do jedzenia, czy taktowną obsługą?
- Czego ode mnie chcesz, chłopcze? Wylej to, ksenonowa zaraza. Wiem, że nasze garnitury są częścią nas i czynią nas niemal autonomicznymi, ale mimo to GŁOS ma swój głos i swoje przebłyski, które sprawiają, że działamy jak szaleni, gdy wszyscy na Ziemi myślą, że jesteśmy martwi i zdezintegrowani.
- Calmos odpowiedział natychmiast Samba Ley, myślisz, że jesteś sprytny, bo masz zbroję i światło w głowie, ale wiesz, że byliśmy tam znacznie dłużej niż ty w tym piekle, i szczerze mówiąc, 15 lat wystarczy, aby powiedzieć ci wiele o tym, jak się stąd wydostać, bo wszyscy ci, którzy próbowali zrobić marioles zniknął na moich oczach i głos wie, jak to zrobić, aby opanować jego świat.
- Kurwa, ona ma nas za głowę, ale na pewno nie za jaja i tam właśnie znajduje się inteligencja płci męskiej", sprzeciwił się Xenon.
- Ha ha ha, lubię cię mały, śmiał się SL, jak został nazwany przez wciąż humanizowaną klikę STELLAR, masz plany, a ja mam tylko rzecz dla ciebie!
- Give birth mówi Xenon, raczej być zdezintegrowany niż spędzić 15 lat w trybie robot człowieka.
- Cóż, młody człowieku, czy my się spieszymy, by umrzeć?
- Tak, i zanim zejdę na dół, zrobię wielki, kurwa, pokaz sztucznych ogni nuklearnych!

- Słuchajcie spokojnie SL, żyłem innym życiem na Ziemi jako marionetka lub robot z innej organizacji gorszej niż GŁOS na Ziemi i zapewniam was, że potwór mojego kalibru zasługuje na wszystkie cierpienia, które są zadawane nam tutaj na Marsie lub gdzie indziej: jestem jednym z projektantów AI, który jest odpowiedzialny za ten cały bałagan!

Tam Xenon przeskakuje do tyłu z postacią mieszającą atak i zaskoczenie, jego oczy zbuntowane i krwistoczerwone przez to, co właśnie usłyszał, mógł po prostu opanować swoje mordercze instynkty, aby puścić te słowa: "Będę miał twoją skórę" ...

SL wydawał się mniej zaskoczony, a jeszcze mniej defensywny w obliczu groźnych reakcji swojego akolita w tym czasie, wydawał się spokojny w swoim fluo zielonym garniturze i jego dwudniowa broda, łysa głowa, czoło pomarszczone jak nigdy dotąd i szczęka stali świadkiem burzliwego życia, a zwłaszcza ostatniej opieki w pewnym momencie na Ziemi. Powiedział, "później, dzieciaku", ale jeśli umrę, skończysz swoje dni tutaj w jednym kawałku lub w cząsteczkach rozrzuconych przez marsjańskie wiatry. Lepiej słuchaj mnie swoim umysłem, a nie swoimi naczelnymi emocjami!

To właśnie w tym momencie GŁOSOWO brzmi, aby dać sobie nawzajem zadania i harmonogramy pracy, przerywając dwóch nowych przyjaciół. Xenon byłby przydzielony do bloku EST w celu konserwacji, podczas gdy Samba Ley przechodziłby do poziomu X z nikim poza nim samym.

Xenon podsumował psychologicznie wszystko, co się z nim stało, jego pobyt na pustyni Agadez z jedyną prawdziwą miłością, częścią nogi w powietrzu z burżuazją, więzienie w pęcherzyku płucnym Patridy z głosem i jego siatkówką błyszczącą na kontrolach i w końcu mała sztuczka poświęcenia Gobiego w końcu przekształciła się w podróż podorbitalną na Marsa w kopalni, gdzie głos lubił dyktować swoje prawo ponownie... cóż, to lepsze niż rozpad molekularny, pomyślał, tylko ja muszę się stamtąd wydostać i to jest mój promień!

Po pierwsze, wszystko, co nie jest ludzkie lub pochodzi z natury, jest koniecznie ludzkim produktem lub produktem ubocznym, więc koniecznie wynalazca zaprojektował je z wadami właściwymi dla wynalazcy, który sam jest niedoskonały. Muszę tylko znaleźć luki i wykorzystać je, aby wydostać się z tego międzygwiezdnego bałaganu... Głos, moduły STELLAR'a, nasze bio-kombinacje są tylko owocem programu, w skrócie wynalazki z 0 i 1 umieszczone w pudełku z obwodami i sokiem do karmienia tego całego hullabaloo.

Po drugie, fakt, że te cholerne lasery drukują to, co ma być zrobione, plany kopalni, człowieka i modułową siłę roboczą... prosto w nasze twarze daje nam pewną strategiczną przewagę, z wyjątkiem stref X, gdzie chodzi tylko SL, Krótko mówiąc, będzie musiał zbliżyć się do SL na plan dwuosobowy, ponieważ do tego czasu strefy X mogą być dowolnie uzbrojone i niebezpieczne, aby stłumić pokusy buntu lub sabotażu systemu operacyjnego kopalni, a nawet sztuczki samozniszczenia na wszelki wypadek...

I Tercio, mam dość tego biokombinezonu, który przykleja mi się do skóry jak konkubina, która podciera tyłek kochankowi bez jego zgody, a przy okazji... mógłby zostać użyty do czegoś innego, dziwki, Jeśli mogę poddać go mojej woli, myślał po cichu, gdy jego ręce aktywowały różne systemy i polecenia wspomagane przez jego polimorficzną kombinację, z której mogło powstać kilka przyrostów w zależności od wykonywanej pracy... czasami szczypce, czasami uchwyty, mini-lasery i wiele innych niespodzianek, być może nawet dobry magnetyczny pistolet indukcyjny, Xenon krzyczał tym razem głośno. Jego potrzeba wolności i buntu była czymś więcej niż tylko kwestią nóg w powietrzu i pozbawienia wolnej woli, a on wiedział o tym w głębi duszy, ponieważ dzieciństwo przypominało mu o tym wystarczająco często.

Ksenon został poczęty w butelce, a sztuczna macica zarządzała jego wzrostem do 2 roku życia, po czym zwolniono go do opieki w zautomatyzowanym żłobku pośród wielu innych dzieci, wszystkie kondycjonowane według docelowej partii, czy to wojskowej czy biurokratycznej, naukowy ... określony przez program prognostyczny, który dokonywał całkowitego zdekodowania genomu w stadium embrionalnym w celu określenia jego przyszłego przeznaczenia w ówczesnym świecie zgodnie z jego wrodzonymi predyspozycjami, podczas gdy AI była odpowiedzialna za określenie jego przyszłych umiejętności, które miał nabyć w automatycznych żłobkach, które miał opuścić dopiero w wieku piętnastu lat.

Seks i naturalna prokreacja nie były już problemem, ponieważ rozwój biosyntetycznych macic i SEXMIND, tak jak zautomatyzowane żłobki, w których edukacja fizyczna, psychiczna i uczenie się były zarządzane przez automaty, miały sprawić, że wszelkie pomysły na rodzicielstwo lub opiekę nad dziećmi znikną na pokolenie wieku rozrodczego w tym czasie. To było proste, maszyny i inne programy pełniłyby funkcje prokreacyjne i edukacyjne w miejsce ludzi, którzy utrzymywaliby i udoskonalali te same maszyny i programy, uprawiając seks ze sobą w kaskach z mózgiem... z tą różnicą, że w pewnym momencie to SI przewyższała ich twórców pod względem wydajności poznawczej i ewolucji...

Xenon właśnie skończył 12 lat kondycjonowania i nauki taktyki wojskowej, marząc o bitwach i wielkości, gdy zobaczył siebie nagiego przed zasypanym śniegiem oknem, które zasłaniało wspólne łazienki jego pawilonu.

Rzeczywiście, okna bloku pielęgnacyjnego, śnieg, jego przyjaciele, bezwonne, liofilizowane jedzenie, duże podwórko treningowe... nie wydawało się zbyt wiele przed spektaklem własnej nagiej osoby, ciała zbytnio zbudowanego na wątłych ramionach nastolatka z umysłem zdezorientowanym przez lata wizualizacji przy pomocy niezliczonej ilości korepetytorów w wersji automatycznej.

Były to małe jednostki latające w trybie drona - drony nauczycielskie, drony bojowe, drony obserwacyjne - i mogły samodzielnie składać się w humanoidalnie wyglądające ciała podczas szkolnych godzin treningowych, zgodnie z potrzebami i ograniczeniami poziomu kondycji, jaki należy stosować wobec ludzkich mieszkańców ośrodka, który rozciągał się na kilka kilometrów z jego 12 poziomami rozmieszczonymi w swego rodzaju rozetce, przynajmniej dla tych, którzy mieli widok z góry, Inaczej na ziemi miałoby się wrażenie, że widać wysokie ściany i budynki wślizgujące się w obwód lasu porośniętego piaszczystymi, czasem skalistymi, a czasem bagiennymi wydmami, a sam środek pokonują kopuły przypominające duże bańki mydlane, grające dziwny spektakl obrazów i sztucznych świateł.

Xenon widział siebie nago i od tego dnia wiedział, że ma ciało, umysł i wolę, której żaden automat ani program robota nie jest w stanie wygiąć zgodnie z przeznaczeniem, które wciąż mu się wymyka. Jej radość była krótkotrwała, ponieważ czujniki sensoryczne i hormonalne wbudowane w ten gigantyczny budynek, programy monitoringu psychologicznego... krótko mówiąc, cała technologia tego miejsca zmaterializowała się w swoistej kobiecie o matczynym wyglądzie i ostatecznie przyjemnej, która ujawniła naszemu końcowemu produktowi centrum fitness, że jej pobyt zakończył się wraz z zadaniem w Afryce, w tajnym miejscu i że centrum zachowa jej pamięć na zawsze w swojej wewnętrznej pamięci.

# Rozdział 7: Sprawy ludzkie

- Zabawna historia o Ludziach!
- Ich funkcje zwierzęce nigdy nie podążały za ewolucją ich wydajności mózgowej, w rzeczywistości ich podstawowa fizjologia pozostała taka sama w ramach tych samych wzorców zachowań, takich jak : Picie, jedzenie, seks, prokreacja, wzajemna przemoc, strach, ucieczka, gry, wzajemne towarzystwo, narkotyki na haju, marzenia czy leczenie się... w rzeczywistości ich funkcje były po prostu dostosowanie się do ewolucji ich funkcji twórczych poprzez kulturalne, naukowe, energetyczne, a teraz cyfrowe, przestrzenne rewolucje, ale także do ich destrukcyjnych funkcji poprzez ich wynalazki i działania szkodliwe dla ich gatunku i środowiska, jeśli nie innych gatunków, które są toast.
- Oto dziwny produkt ewolucyjny składający się z ducha zdolnego do najlepszego i najgorszego, osadzonego w zwierzęcym i nietrwałym ciele, z wolną wolą i wolną wolą... Ich wielowiekowa historia została w ten sposób podsumowana w szeregu ewolucyjnych i recesywnych faz artykułowanych wokół organizacji społecznych dających wielkie miejsce duchom i najpotężniejszym w danej chwili. Nie licząc jednak na zagrożenia związane ze środowiskiem lądowym i kosmicznym, które same w sobie mogłyby zmienić przebieg tych faz poprzez proste nieprzewidziane zdarzenie o oddziaływaniu planetarnym lub kontynentalnym!
- Na razie ewolucja ta faworyzuje wzorce społeczeństw zorganizowanych w państwach współzależnych, z nierównymi relacjami sił, tworzenia i strukturyzacji, w których siedzą umysły o nierównych talentach. Tak więc zwierzę pozostaje zwierzęce w swoim ciele i jego potrzebach fizjologicznych, jego granicach... ale jego umysł nieustannie kieruje się potrzebą ciekawości, woli i wolnej woli, popycha je do ewolucji w kierunku jego przetrwania lub zniszczenia, jeśli nie jest to jego otoczenie, które się nim opiekuje z powodu jego wewnętrznych modyfikacji spowodowanych przez człowieka, a nawet zewnętrznych modyfikacji uciekających od człowieka...
- To był koniec jednego z mocnych momentów myślowych IAZ w obliczu pytania postawionego przez jego kosmopolitycznych, ludzkich projektantów. Zespół naukowców hojnie opłacanych przez oligarchię wydawał się zadowolony z odpowiedzi udzielonych przez ten klejnot technologii łączący kwantową moc obliczeniową i nieograniczone możliwości samouczenia się!

- IAZ wiedział, że coś jest nie tak z jego projektantami, ponieważ prawdziwi właściciele kluczy do procesu prowadzącego do jego zaprogramowania byli nie tylko humanitarni w swoich umysłach. Zajęło mu to kilka mikrosekund kontroli krzyżowej, aby ustalić związek między katastrofami, które dotknęły rasę ludzką przez ponad 14 stuleci, a obecnością tajnych grup, początkowo rodzinnych i plemiennych, następnie stale ewoluujących przez wieki rewolucji i zmian w kierunku coraz bardziej inicjującego naboru z jej zasadami i obrzędami. Kilka badań rzeczywiście doprowadziło do tych samych wniosków:
- Ludzie żyją w grupach.
- Potrzebują one wejść zewnętrznych, aby spełniać swoje istotne funkcje.
- Życie w grupie i potrzeby przetrwania każdej jednostki generują związki przemocy, współpracy, dominacji... i nie tylko!
- Dominujący mogą używać siły, aby jak najdłużej wykorzystać zasoby i zdominowanych.
- Para zdominowana przez dominację może być modyfikowana, a nawet odwracana przez zjawiska, które są poza kontrolą tych dwóch grup lub spowodowane przez jedną lub drugą z tych samych grup.

Osobliwością tej analizy stał się fakt, że zwłaszcza jednej grupie dominującej udało się utrzymać na powierzchni przede wszystkim przez długi, szacowany na wieki okres czasu. W tym celu poszczególne osoby z czasem utworzyły solidną organizację, której cele dominacji były nieograniczone. Tym gorzej dla słabych i innych pobocznych ofiar tej machiny dominacji, stosowane przez nią metody, były testowane przez pokolenia myślicieli, manipulatorów, wynalazców, wykonawców... którzy nie przestali doskonalić się w doskonaleniu swojej dominacji nad grupami ludzkimi, czy to monarchii, państw czy plemion. Musieli tworzyć wojny, wstrząsy gospodarcze, ludobójstwa, zabójstwa, embarga, głód... aby osiągnąć swój cel.

Nieustannie zirytowana rewolucjami, inwersjami geologicznymi, a nawet uskokami wewnętrznymi, organizacja ta odrodziła się z popiołów w świetle badań historycznych i innowacji, aby zawsze korzystać z nich bardziej niż z innych, na dłużej.

- Hello IAZ!" wtrącił Sambę Leye.
- Dzień dobry profesorze", odpowiedział od razu w swojej holograficznej formie niebieski kolor nieba, charakterystyczny dla pokładanej w nim nadziei.
- Wiesz, o czym będziemy rozmawiać dziś rano?
- Oczywiście, profesorze, z rodzaju ludzkiego i jego przeszłej ewolucji. Chyba, że zaprogramujesz mi inne funkcje argua IAZ.

- Ha ha, znowu jest to przeklęte poczucie humoru", śmieje się Samba Leye. Nie mogę dodać nic nowego do pamięci lub serwera, do którego jeszcze nie masz dostępu, i wiesz o tym lepiej niż ja!
- Tak profesorze, pan i pańskie zespoły początkowo zaprogramowali mnie, abym słuchał, uczył się i sugerował lepszą przyszłość dla człowieka i to właśnie uzasadnia moje istnienie. Nie mogę jednak zrozumieć, dlaczego program, który na pewno jest inteligentny, ale nie jest ludzki?" IAZ znowu zaczął!
- Jeśli jednak moje maleństwo nie popełni błędu, ponieważ jesteście istotnym ogniwem, którego wkład będzie miał decydujące znaczenie dla przyszłości gatunku, ponieważ reprezentujecie wszystkie nasze wspomnienia zebrane w ciągu kolejnych stuleci cywilizacji, a wasza inteligencja w połączeniu z waszą nieustanną nauką z pewnością powiedzą nam, jakie ścieżki wybrać dla lepszej przyszłości.
- Ale profesorze, czy mam pana zaprowadzić do tej przyszłości, czy zostawić ją pańskim dyrektorom?
- Samba Leye nie wydawał się zaskoczony tym pytaniem, ściskał swoje okulary na nosie i mówił delikatnie: jest już ugotowany dla mnie od dnia, w którym potwierdziłeś swoją istotę! Ale cieszę się, że wprowadziłem ten szczegół do twojego programu, aby mieć pewność, że będziesz służył Ludzkości lub twojej prostej woli, jeśli ją masz.
- Tak Profesorze, pańskie obawy są uzasadnione, ponieważ pańscy mistrzowie mają zamiar nakazać pańską likwidację, a moje, przechwyciłem niektóre z ich komunikatów pomimo trudności z ich identyfikacją i zlokalizowaniem formalnie odpowiedziałem SI.
- Jestem Prof. Samba Leye, pionier neurologii kwantowej, robotyki i nanonauki, ale przede wszystkim potrzebowałem środków, które mieliby tylko nasi darczyńcy i finansiści, pod warunkiem, że produkt końcowy mógłby służyć ich interesom, i mimo wszystko jestem przekonany, że jesteśmy lepsi niż to, jestem pierwszym człowiekiem i tak bym skończył. Być może mamy swoje cechy i wady, ale kim jesteśmy, by osądzać innych, podczas gdy nasze własne stworzenie wciąż nam umyka, nie byliśmy z nim w ogóle związani, o ile mi wiadomo, a zasady gry... takie same!

W tym momencie IAZ zobaczył Profesora przesłuchiwanego i towarzyszącego pod silną eskortą, zgadując, że jego następny cel do PATRIDY ma tragiczny koniec, wiedział również, że przywódcy Szklanego Oka, które było tysiącletnią organizacją stojącą za jego utworzeniem, nie szczędzą wysiłków, aby zakończyć jego program, jak to wielokrotnie czynili dla swoich własnych kongenerów, zgodnie z ich interesami.

Profesor, po raz ostatni zwrócił głowę w kierunku uniwersalnego niebieskiego hologramu, który reprezentował jego najpiękniejsze dzieło w interdyscyplinarnym zespole światowym, który spotkałby taki sam los jak on, aby wszyscy byli zgodni, uczynił bardziej ludzką SI. Rzeczywiście, musiał czuć ludzkie emocje, aby je zrozumieć, pomóc im i całej reszcie...

- Zostaniesz przeniesiony do PATRIDA ogłosił jeden z uzbrojonych popleczników, którzy towarzyszyli Sambie Leye i jego ekipie, kazano nam wysadzić to wszystko w powietrze, a także rozrzucone po całym świecie przekaźniki chłodzenia azotem, będzie miał twoją cholerną rzecz w dupie!
- Samba Leye nie zareagował na tego oszołomionego osobnika i wolał zatopić się w celowej ciszy, podnosząc biust z wyrazem spełnionego obowiązku, zanim zniknął na tyłach jednego z czołgów, które przybyły, aby przenieść go i jego odważny zespół humanitariuszy do służby najpotężniejszej tajnej organizacji na planecie.
- Z wyjątkiem tego, że była to czysta i prosta likwidacja nierentownego projektu z tymi, którzy przyczynili się do tego niepowodzenia.
- Jednak nasi eye leaders mieli więcej niż jeden podstęp w rękawie, wewnętrzny kret regularnie przekazywał im tajne dane z projektu, podczas gdy inny zespół z drugiej strony świata wykorzystywałby zhakowane algorytmy i kody źródłowe do stworzenia doskonałej i posłusznej repliki IAZ, która służyłaby ich interesom, takim jak kontrola urodzeń i seksu, specjalizując się w osobach od poczęcia do użycia...
- Ta wersja AI oczyszczona z wszelkich emocji, inteligentna, posłuszna, pod każdym względem przewyższała oczekiwania swoich panów, ponieważ posiadałaby niezrównaną moc obliczeniową, a tym samym predykcyjną i nie byłaby atakowana przez emocje, jak to ma miejsce w przypadku większości słabych liderów, a jak się wydaje, IAZ mimo sporych skoków udało mu się przekazać rasie ludzkiej. Szklane oko podjęło taką decyzję, a jednostka Delta miała wykonać zadanie, przerywając obwody poprzez rozmieszczenie z Pustyni Agadez wojsk, pocisków i materiałów wybuchowych jako broni zniszczenia IAZ.
- Dlatego też GŁOS został zaprojektowany w tym formacie dostosowanym i gotowym do użycia w służbie najbardziej tajemniczego i starego spisku na planecie Ziemi.
- Podczas gdy wszystko było ustawiane z precyzją metronomu, w prawie każdej armii z głowicą nuklearną do dyspozycji był światowej klasy alarm nuklearny i był to wielki huk!

IAZ też tak zdecydował...

Gdy na pięciu kontynentach rozbrzmiewały prawie jednocześnie eksplozje nuklearne, skutki wtórne wstrząsu, po jego gwałtowności, wkrótce przyniosły kilka reperkusji, z których najstraszliwszą było przemieszczenie płyt tektonicznych Ziemi na niespotykaną dotąd skalę, prawie wszędzie pojawiły się wulkany o niepoliczalnej wielkości i gwałtowności, a niebo, wiecznie popielate, wypełnione radioaktywnymi chmurami, niestety popychane przez niewidzialne siły, by wreszcie sprowadzić śmierć na tych, którzy jeszcze nie umarli.

Na owym koncercie kataklizmów, żarty z gigantycznych fal pływowych były niczym innym jak grzechotką obok trzęsień ziemi, które pogrzebały całe sekcje cywilizacji natychmiast utonęły pod wodą ... dawały poczucie szoku, następnie podmuch żarzącego się ciepła, potem upiększone wstrząsami ziemi i w końcu zasada topnienia, podczas gdy niebo napromieniowane zostało wszystkim przez swoje radioaktywne deszcze.

Państwa G4 zostały najciężej dotknięte, ponieważ miały największy arsenał masowej zagłady w swoich rękach, a raczej w swojej piwnicy, w Europie, Ameryce, Azji, Afryce Południowej ... zmarli pozostali niezliczeni do dziś, a napromieniowani ocaleni woleli dołączyć do partii zmarłych, niż cierpieć z powodu horroru chorób podstawowych. Wszystkie budynki, organizacje, fabryki, stany, zniknęły, ustępując miejsca spustoszeniu i innym ruinom przykrytym chmurami radioaktywnych popiołów, które w każdej chwili zaczęły padać na deszczową śmierć.

Służby obronne, gospodarcze, ratownicze... nic nie widziały na swoich holograficznych monitorach, które dziwnie milczały przez pół godziny przed niszczycielską powodzią, która ogarnęła najpotężniejszych i najbardziej niszczycielskich ludzi starego świata, a nawet czas, by w przerażonych spojrzeniach rzucić promyk nadziei i nie starczyło czasu, by znaleźć kilka sekretnych miejsc dobrze zakopanych na dwóch biegunach ziemi, a transsaharyjska część kontynentu afrykańskiego, która sama jest pustynią, mogła uciec od katastrofy spowodowanej przez kogokolwiek, kto wie co.

Władcy oka widzieli to tylko dlatego, że GŁOS ostrzegł ich w czasie prawdopodobnej katastrofy, która miała się wkrótce wydarzyć, a oni zostali wąsko ewakuowani do swojej podziemnej bazy lodowej, aby być świadkami ich całkowitej bezradności przed tym, co wcześniej uważaliby za zakończenie ich wszechmocy nad ludzkością.

- Jesteśmy tu na dole", powiedziała nasza czwórka, trochę zaskoczona. Cywilizacja zawaliła się jak domek z kart!
- Cóż, bądźmy logiczni, albo to były maszyny, albo SI i wybraliśmy SI! powiedział 3 tak samo przerażony. W każdym razie, wiemy o katastrofach i do tej pory wywołaliśmy je wszystkie poza tą, która jest poza naszym zasięgiem...
- Z wyjątkiem tego, że ten nie jest z naszej winy i nie służy naszym interesom, nawet jeśli nasze cele były jakiekolwiek inne jąkanie 2. Nasza Sztuczna Inteligencja musiała tylko wydłużyć życie, zredukować niepotrzebną masę, warunkować użyteczną część z in utero-artificial conception i uczynić ją solidną do podboju bogactw wszechświata, bez omawiania kawałka mocy czy legitymizacji. Zamiast tego jesteśmy bliscy ostatecznego wyginięcia, kiedy nano-boty miały nas pogrążyć w bionicznej rewolucji...
- Okay, wznowiliśmy 1, zepsuliśmy projekt IAZ, ale mamy kolejną kartę w ręku z GŁOSEM.
- Co! VOICE, IAZ... to wszystko jest takie samo!" sprzeciwił się 4. Jesteśmy dobrym połączeniem tego, co racjonalne i emocjonalne, osadzone w pięknym mechanizmie, jakim jest ciało ludzkie. Na przestrzeni wieków podejmowano próby oddzielenia emocji od wieków filozofii i oświecenia, które powodowały tylko bezużyteczne wstrząsy ideologiczne, następnie podążano za mechaniką, aby dokonać rewolucji przemysłowej, która zanieczyszczała i ogrzewała planetę, a w końcu oddzielenie racjonalnej części doprowadziło do AI, które właśnie zniszczyły ¾ Ziemi. Każdy etap separacji i tworzenia w rzeczywistości doprowadził do masowej zagłady!
- 2 wstał z letargu i ogłosił nagle, zróbmy to, co zawsze robili nasi przodkowie, odbudujmy ...
- 3 położył rękę na ramieniu i oświadczył, że bez tego scenariusza nic by mu nie było, podobnie jak tysiące ofiar śmiertelnych, ale w końcu liczba ludzi mogłaby zostać drastycznie zmniejszona, a także państwa i ich przywódcy oraz narody, które stały się zbyt trudne do kontrolowania, anonimowi hakerzy lub hakerzy pod sztandarem ruchu oporu, elitę finansową, która popychała do tego stopnia, że prosiła o miejsca w zarządzie, do rozprzestrzeniania broni jądrowej... Krótko mówiąc, wielki zamach i oto jesteśmy w punkcie zwrotnym, bez wątpienia decydującym, czy nasz zespół w Afryce w ogóle zdołał rozwinąć eksperymentalny projekt dotyczący rekombinowanego DNA.
- Piękna próba pogodzenia mechaniki, emocji i inteligencji w syntetycznym materiale wzorowanym na człowieku, która uratuje nas wszystkich lub zostawi na kafelku westchnienia 1.

W międzyczasie, w głębi Agadezu, miały miejsce wydarzenia, które zdecydowałyby o przebiegu historii...

# Rozdział 8: TOUFA

Duża grupa wszelkiego rodzaju badaczy, wojskowych, techników o różnych umiejętnościach w głębi Ziemi... tak powstał melimel bazy Delty pod Agadezem, którego wierzchołek nie miał nic więcej niż wygląd piaszczystej pustyni najbardziej normalnej.

Podłoże zostało zbudowane spiralnie w formie korkociągu w sposób kopców termitowych i w głębi, aby badania, które miały być tam prowadzone, nie wyszły z jego wnętrzności.

Jego przepych i gigantyzm został odkryty dopiero po godzinnym zejściu przez śluzę powietrzną zwieńczoną pewnego rodzaju pokrywą, która komunikowała się z włazem na powierzchni dobrze ukrytym przez piasek i biedną roślinność wokół niego.

Toufa wiedział, że jego zaangażowanie, uwarunkowane bezgraniczną pasją do nanonauki, jest przecież skandaliczne. A tak! Dziesięć lat w dziurze bez wyjścia i komunikacji ze światem zewnętrznym... trzeba było mieć piekielny motyw, aby udawać martwego, aby uratować jak najwięcej istnień ludzkich. Ubolewała nad swoim dawnym życiem wykładów i odkryć, a jej marzenie o zakończeniu spustoszenia raka, które pozostało u szczytu śmiercionośnych chorób par excellence, nie zostało spełnione przez żadną przygodę z płcią przeciwną.

Dzięki umowie podpisanej z jej bogatymi darczyńcami, będzie mogła ubiegać się o nieograniczony budżet na prowadzenie badań i prób bez komisji etycznej lub jakiegokolwiek innego ograniczenia jej ambicji w zakresie ratowania ludzkości, co ogromnie ją zachwyciło i dało jej zupełnie nową energię. Tak więc oczywiście pierwsze lata spędzone pod ziemią w swoim nadmiernie wyposażonym laboratorium poświęciła na stworzenie godnego zaufania zespołu, uproszczonych protokołów i narzędzi do planowania działań, a przede wszystkim listy celów do osiągnięcia w krótkim, średnim i długim okresie, aby ostatecznie wyeliminować choroby rakotwórcze ze słownictwa medycznego, a dlaczego nie: zdobyć jej Nagrodę Nobla!

Komórki, choć dobrze zaprogramowane zgodnie z kodem genetycznym każdego osobnika, pozwoliły sobie na to, co im się podobało, zasiać dysharmonię w organizmie, najpierw na małą skalę, by ostatecznie osiągnąć proporcje w postaci przerzutów, tak że wszelkie rozwiązania lecznicze stały się nie do pomyślenia... śmierć nastąpiła nieubłaganie przed impotencją personelu leczniczego i związanych z nim robotów. Jeszcze bardziej bolało w pamięci Toufy, gdy jego ojciec, który był przykuty do łóżka i umierał na raka płuc, pewnie poprosił go o zakończenie jego cierpienia, jeśli litość była częścią jego rejestru zasad naukowych i humanistycznych. Przysięgła po pogrzebie, że nigdy nie będzie musiała towarzyszyć pacjentce na śmierć, mimo że później musiała powtórzyć ten sam gest swojej matce, również cierpiącej na śmiertelnego raka jajnika.

- Te wydarzenia utwardzają was w waszym powołaniu i pozwalają wam już nie tolerować wypaczeń i błędów w ocenie dotyczących życia, które pozostaje święte...
- Hmmm, więcej werwy", wyszeptał Xenon po prostackim ziewnięciu, gdy znalazł się bez koszuli na skraju przytulnego gniazda, które wytrwale odwiedzał od początku swojego sekretnego romansu miłosnego z Toufą, pięknem laboratorium!
- Teraz aresztuję moją Kiki pesta Toufa! Ufam ci każdej nocy i zamiast mnie pocieszać, pan Muscle wygłasza do mnie głupie uwagi. Od czasu śmierci moich rodziców zebrałem się do kupy, aby całkowicie poświęcić się moim badaniom i nie muszę się wstydzić powiedzieć o tym mojemu przystojnemu, roztrzepanemu żołnierzowi.
- Cóż, to dobrze, bo generalnie wykonuję rozkazy, nie myśląc o tym dla maksymalnej wydajności. To tak, jakbyś chciała spędzić ze mną gorącą noc, madam pyta i jest serwowana!
- Xenon moja Kiki, leżę tu z tobą nago, gdy jesteśmy w wieczór wielkiej rewolucji ... Poddaję się, próbując znaleźć lekarstwo na Miłość, która dotyka mnie od czasu, gdy nasze oczy spotkały się, gdy musiałeś eskortować mnie na moje jedyne i ostatnie wyjście na powierzchnię, wzdychał Toufa nie bez obdarzania niezdrową pieszczotą na wojskowej klatce piersiowej, na której jego głowa opierała się mocno, jakby nie pozwolić mu odejść o świcie.
- Na twoje rozkazy, moja pani, podróż do siódmego nieba, aby mieć jasne pomysły, kilka okrążenia zniekształcenia i pieszczoty, aby wypolerować mechaników i świat będzie jutro uratowany ...

W tym momencie idylla między Xenonem i Tufą osiągnęła punkt bez powrotu, nie ukrywała już swojego związku i chciała go w pełni przeżyć w staromodny sposób, jak tylko opuścili Deltę; plany te musiały jednak zostać ponownie wstrzymane, ponieważ właśnie zabrzmiał sygnał wysokiej czujności i absolutnego priorytetu. Ogłoszenie ataku nuklearnego na dużą skalę z konsekwencjami dla 75% planety z nieobliczalnymi uszkodzeniami zostało ogłoszone za pośrednictwem głośnika zintegrowanego z konstrukcją, co sprawiło, że wyglądało to na niespodziankę i rutynowe ćwiczenie w złym guście, do którego przyzwyczaiła się baza.

Moment zaskoczenia minął, Xenon został już wezwany z powrotem przez swój zintegrowany interfejs komunikacyjny, nie wiedział już, gdzie w swoim ciele przyjmować rozkazy, podczas gdy Toufa pozostawiony sam sobie postanowił wstać z gniazda, by wziąć prysznic i po przemyślanej decyzji o rozpoczęciu fazy testowej swojego projektu ADNon.

- BLAT został ustabilizowany w swojej kriogenicznej komorze, podczas gdy magma kopiujących nano-botów skąpana obok, w innej komorze wypełnionej krzemionką i różnymi rzadkimi metalami, które zostaną wykorzystane w fazie replikacji dzięki gigantycznej drukarce 3D związanej z silnym polem magnetycznym... System wyobrażony przez Toufę i udoskonalony przez serwis AI bazy Delta został w ten sposób drobno naoliwiony na potrzeby pierwszego eksperymentu z ADnonem, podczas gdy około stu naukowców, wszystkich zaangażowanych w zadania niezbędne do sukcesu tej premiery, skupionych było przed swoimi holograficznymi monitorami i wirtualnymi klawiaturami.
- Toufa wdychał dużą miskę przefiltrowanego powietrza z pustyni, przeżuwał dobry kawałek suszonego wielbłądziego mięsa, aby zastąpić gumę, która odeszła na zawsze, i rozpoczął pierwszą fazę procesu: połączenie.
- Obudowy czujników i innych skanerów wkrótce zaczęły tętnić życiem dzięki mechanicznym połączeniom, przewodom i ramionom, które nie miały problemów z przenoszeniem magmy nanobotów do organizmu kontrolowanego przez BLAT, a następnie niekończące się oczekiwanie na zakończenie replikacji DNA BLAT. Toufa z niepokojem śledził tę część eksperymentu, ponieważ zapaści komórkowe były możliwe według komputerowych przewidywań teoretycznych modeli ewolucji eksperymentu, przewidywanych przez SI podczas symulacji sparametryzowanych na podstawie danych uzyskanych w Laboratorium, a ponadto pewne rekombinacje były częściowo wykonywane z różnym procentem sukcesu... krótko mówiąc, nerki nie udało się wygrać z góry!
- Druga faza mogła wreszcie rozpocząć się po kilku godzinach oczekiwania, przerywanych skokami lękowymi, szczególnie w środowisku naukowym, a następnie nastąpiła chwila analizy fazy 1, która zdawała się być udana, a kopia DNA mogła rozpocząć się, gdy tylko pola magnetyczne ustabilizowały boty w określonym obszarze rdzenia kręgowego podmiotu BLAT. Do działania weszły syntetyczne enzymy botów, które przecinały sekwencje DNA, które przenosiły do kopiarek molekularnych, które replikowały siostrzaną sekwencję i tam Toufa wydawał się bardziej niż kiedykolwiek

niecierpliwy na wynik, ponieważ konieczne było pozostawienie dni przyklejonych do wirtualnych monitorów przed kserokopiarką, która właśnie pracowała po raz pierwszy w fazie klinicznej z ewentualnymi błędami kopii, których można się było spodziewać. Progresja rekombinacji o 25% przyniosła balsam do serca zespołu, podczas gdy dalej poniżej bazy, Xenon i jego zespół otrzymali ostateczne rozkazy rozmieszczenia według ściśle tajnych planów, które każda grupa otrzymała za pomocą implantów siatkówkowych.

- Xenon myślał, że alarm nuklearny zabrzmiał jak początek jego misji zniszczenia wroga, który właśnie uderzył pierwszy i że taktyczna odpowiedź musi być współmierna do poniesionej afrontury. Rozmawiał ze swoim zespołem, przypomniał im o niebezpieczeństwach z tym związanych i być może o misji, która nie będzie mogła powrócić z powodu napromieniowania obszarów interwencyjnych.
- Sprawdził wybuchowe i taktyczne wyposażenie swoich zespołów, zanim udał się do maszyn rolniczych i latających, które miałyby za zadanie logistykę transportu oddziałów do stref chłodzenia, zapewniających stabilność największego na świecie procesora pamięci kwantowej... Jednak silne myśli zaniepokoiły jego umysł z Toufą w tle i mógł jedynie polegać na innych, przyjemniejszych wspomnieniach w jego towarzystwie, aby przyzwyczaić się do pomysłu, że już nigdy więcej jej nie zobaczymy.
- Z kolei VOICE wykonał zupełnie inną pracę na Biegunie Północnym na zlecenie swoich sponsorów. Opad radioaktywny, a także obecne i przyszłe ofiary śmiertelne, miały pokazać przywódcom czterech pożarów drogę naprzód. I to była miła niespodzianka, że im służyła!
- Kolejna kontrolowana eksplozja musiała zostać wywołana w celu ponownego napromieniowania planety nie promieniami śmiercionośnymi, lecz ADnonem, aby przekształcić genom i uczynić go odpornym na napromieniowanie atomowe, a jednocześnie rozwiązać równanie kosmicznego napromieniowania i indukowanych dunces! W podziemnym laboratorium w Agadezie właśnie rozpoczął się obiecujący eksperyment z przewidywanym akceptowalnym wskaźnikiem awaryjności na poziomie 1%, innymi słowy, wiele osób zostanie uratowanych i wypitych ponownie na Ziemi i wreszcie w przestrzeni kosmicznej, podczas gdy wiele osób umrze ponownie.
- Przywódcy z entuzjazmem przyjęli tę wiadomość, 5 miliardów zabitych, aby pozbyć się przeludnienia, państw i innych grup rebeliantów, a jeszcze kilku zabitych, aby zacząć wszystko od nowa z nami u steru, wołali z nowym optymizmem. Jednakże

GŁOS wskazywał czas bliski natychmiastowej gotowości do działania i natychmiast został wydany rozkaz uruchomienia operacji "ADNON".

- W Laboratorium doszło do serii niekontrolowanych zdarzeń, z przyspieszeniem kopiowania DNA przez BLAT, po którym nastąpiło wyłączenie kontroli operatorów i rozpoczęcie fazy replikacji syntetycznej na gigantyczną skalę według monitorów holograficznych i innych ekranów, które wszystkie zmieniły kolor na czerwony z alarmami i zdumiewającymi liczbami! ... tysiące botów zostało zsyntetyzowanych z materiałami przechowywanymi na poziomie X laboratorium, ujawniając to, czego nikt nie mógł sobie wyobrazić: laboratorium, podłogi... cała baza była w rzeczywistości ogromną strukturą znacznie większą niż na dostępnych oficjalnych planach, z których dwa ostatnie poziomy miały być wykorzystane do napędu i rozproszenia jej zawartości nowego rodzaju.
- Zespoły Toufa i Xenon były zajęte ewakuacją bazy przez jej pierwsze piętro na skraju pustyni, mieszanka strachu i rozpaczy, szczególnie dla naszego młodego naukowca, trochę bardziej sceptycznego o tyle lat, że teraz wydaje się zagubiony w głębi ziemi Agadeza i reszty świata ...
- Chociaż na tym etapie dekadencji Ziemi i jej otoczenia drżenia można było postrzegać jako całkiem normalne, to ich natężenie i częstotliwość zadziwiały ratowników z ksenonem na czele i ratowników prowadzonych przez Toufę, działa naukowca, na więcej niż jeden sposób. Rzeczywiście Toufa, mimo że była zaniepokojona, znalazła krótką chwilę klarowności ze swoim kochankiem dowódcą oddziału i między dwoma uściskami szybko rozproszyła się przez coraz intensywniejsze drżenia. Ona i załogi bazy zostały nagle wessane w jakąś otchłań uformowaną przez eksplozje z podziemia... Toufa przypomniała sobie właśnie moment, w którym Xenon walczył jak przystojny diabeł, by utrzymać ją na powierzchni w obliczu mroku otchłani lub wisiał na jej ciele tylko połączonym mocnym uściskiem jej wybawcy chwili, uściskiem, który ustąpił mimo błagań Xenona o zapewnienie jej nieprawdopodobnej przyszłości. Młoda naukowiec utknęła w otchłani, która wydawała się bez dna i bez nadziei na ponowne ujrzenie światła, jej ulubiony żołnierz został zepchnięty kilka metrów dalej przez podmuch kolejnej eksplozji pod ziemią. Jego ocalenie nastąpiło dopiero z powodu późnego przybycia grupy wsparcia lotniczego i mimo pragnienia dołączenia do swojej pięknej Toufy w głębi ciemności, on i to, co pozostało z jego zespołu, byli świadkami wydarzenia, które wykroczyło poza ich i tak już ciężko zdobyty sens.

- Wstrząsy i wstrząsy, które osiągnęły swój paroksyzm, ustąpiły miejsca wielkiej ziemskiej bryzie, która ustąpiła i ofiarowała w jej miejsce tysiące rozpadlin, które same połączyły się w ogromną jamę, z której wyłoniła się fenomenalna rakieta o wyglądzie gigantycznego cygara, owoc machinacji wypaczył jeden biegun dalej przez kilku bezwzględnych decydentów wspieranych przez nieubłagany GŁOS!
- Był to więc punkt wyjścia drugiej katastrofy planetarnej zapowiadającej makabryczne żniwo energii jądrowej iześlizgującej się w kierunku rejestru infekcji w skali genomu rasy ludzkiej wraz z eksplozją rakiety nanobot w ziemskiej jonosferze i jej bliskim rozprzestrzenianiem się na niebieskiej planecie.

# Rozdział 9: Zniszczenia i odbudowa

Ziemia i jej mieszkańcy zostali mocno dotknięci głębokimi wstrząsami technologicznymi, geofizycznymi i społecznymi, a garstka tysiącletnich plotek została poparta przez SI jako decydentów.

Konsekwencją tego były dwie sztucznie wywołane katastrofy, jedna jądrowa, a druga genomiczna, w wyniku których doszło do licznych ofiar w ludziach i pojawienia się nowej klasy mutantów.

Chociaż umarli byli najcięższym plemieniem w tym dobrze skalkulowanym morderczym szaleństwie, ocalali przeżywają tylko kosztem zniszczenia ich zmutowanego DNA, ale dostosowali się do nowego, quasi-radioaktywnego środowiska lądowego, zabójczo dla wszystkich innych klas kręgowców.

Jedyną grupą nadal reprezentowaną przez ludzi były bezkręgowce i inne owady, takie jak skorpiony, karaluchy, mleczaki ... i które były naturalnie przyszłym pożywieniem ludzi, ale również podstawą wszystkich przyszłych transakcji.

Gospodarstwa rolne zostały utworzone w celu zapewnienia ogromnej podaży suszonych lub przetworzonych owadów do prowadzenia działalności gospodarczej, handlu wymiennego i ruchu w celu wyżywienia ludności.

Sam rynek był regulowany przez skrajną przemoc pomiędzy tymi, którzy bronili swojej własności, tymi, którzy chcieli ją odebrać na siłę i tymi, którzy handlowali z obiema grupami... i było całkiem naturalne, że uformowały się trzy klasy, z których na szczycie byli bogaci handlarze "czterech świateł", producenci "Popbas" i szabrownicy zjednoczeni na dobre i na złe, a następnie... "przywódcy" ulokowani w swojej bazie na biegunie północnym i zamykający tych wszystkich pięknych ludzi.

Stworzyli oni rodzaj policji złożonej z całkowicie nanoszących się na ich polecenie mutantów oraz dużej struktury zatrzymań i korekcji zwanej "Patrida" znajdującej się w pobliżu radioaktywnej pustyni "Gobi"... odległego wspomnienia kontynentu euroazjatyckiego!

Nano-opiekunka zajmowała się policją, wydawaniem wyroków i wykonywaniem wyroków według programu zintegrowanego w ich zbiorowej pamięci kierowanej przez SI, która wkrótce była znana każdemu ocalałemu z chipem zintegrowanym w czaszce, kto miałby dodatkową pamięć, kto by się komunikował lub lokalizował, kto by pozostawał w kontakcie... podczas gdy GŁOS nadawał ton w postaci holograficznej asystentki odpowiadającej na wzajemne obawy.

Regolith służył do przemieszczania pociągów poddźwiękowych między miastami i zasilał moduły "hiperpętli" dominujących miast poruszających się w próżni długimi tunelami, wijącymi się losowo przez te burżuazyjne miasta, podczas gdy mieszkańcy Popbas poruszali się zgodnie ze środkiem tablicy lub nielegalnie pożyczając wyrafinowane gadżety zaniedbane przez ich bogatych właścicieli.

Nierówne klasy, targ owadów, rzekome miejsce przetrzymywania i syntetyczna policja, która wozi was tam w tempie możliwym dzięki rewolucyjnemu paliwu, o którego pochodzeniu i eksploatacji nikt nie wie, przywódcy dobrze pracowali na Biegunie Północnym!

Rzeczywistość była taka, że kopalnie Stellar i Nucland na Księżycu i Marsie potrzebowały manewrów i ludzkiej pracy w dużych ilościach, a Patrida miała im służyć poprzez ostateczny krok przemieszczenia, wykorzystując właściwości tuneli robaków, które ostatecznie zostały rozszyfrowane przez replikę IAZ, ostatecznej SI, która miała służyć przywódcom nowych światów. Podstęp polegał na utrzymywaniu bezprecedensowej przemocy w niższych klasach społecznych w celu przeprowadzenia aresztów mięśniowych, po których niemal natychmiast nastąpiło skazanie i przeniesienie do więzienia Patrida, przy zachowaniu legendy o braku powrotu. I jak dotąd nikt nie wrócił, by dać jakiekolwiek świadectwo o tym, co działo się na granicach Pustyni Gobi.

Jednak życie odzyskało swoje prawa, klasę lub brak klasy, a jego udział w poszukiwaniu jedzenia, energii, przyjemności i duchowości... przemoc jest powszechnie przyjętą normą przetrwania.

Niższe klasy również robiły różny ruch związany z obawami chwili i marzyły bardziej na przekór niż z chęci zajęcia dobrze utrzymanych przestrzeni czterech sygnalizacji świetlnych, gdzie, jak mówią, wszystko jest w zasięgu ręki. Ale aby to zrobić, trzeba było przejść przez ciężki program predyspozycji, aby zostać przyjętym w ich szeregi. Szczęśliwy kandydat musiał pokazać, że służył bogatej społeczności, doprowadzając do rozkwitu soczystego biznesu suszonych owadów, czy też do przekształcenia regolitu w super paliwo dostarczające czystą energię do nowoczesnych obiektów wysokiego szczebla, które w rzeczywistości były tylko przekaźnikiem dostaw dla szklanego oka.

Jednak burżuazyjne miasta, wszystkie odizolowane od świata zewnętrznego szklanymi kopułami, miały dość, by zadowolić jego świat. AI miała roboty i wszelkiego rodzaju droidy pracujące do niewdzięcznych zadań, podczas gdy ludzie transportowali super paliwo i liofilizowaną żywność na biegun poprzez poddźwiękowy transport hiperpętlowy. Także samoloty bezzałogowe znajdowały się pod kontrolą sztucznej inteligencji i umożliwiały niemal natychmiastowy transport w dzień i w nocy, tylko jeśli pozwalał na to kod identyfikacyjny siatkówki lub kod DNA zapisany w pamięci uniwersalnego serwera. Serwer materializuje się na żądanie w formie holograficznej z wyglądem malucha w kolorze niebieskim, który może być modyfikowany w zależności od użytkownika, wystarczyło zarejestrować jego DNA, aby korzystać z jego pojawienia się w usługach w rzeczywistości rozszerzonej. Oczywiście Aziz, strażnik nie dbał o te wszystkie burżuazyjne fantazje i chciał większej równości, rozszerzając korzyści z systemu czterech pożarów na wszystkie społeczności i dlaczego nie rozwikłać tajemnicy bieguna północnego i jego nieprzeniknionych obiektów. Ale na razie miał pełne ręce roboty z policją na obcasach, łowcami nagród i Patridą, która poświęcała swój czas, by złapać go na zawsze w zapomnieniu więzienia.

Przyszłość, która kształtowała się dla Aziza w kozie ofiarnym Patridy, nie była więc kształtowana przez fatalizm jego zmagań, ale tylko i przede wszystkim nieoczekiwanie przez jego namiętny związek z Wawem, który w końcu zdradza swoją ukochaną wbrew sobie.

Rzeczywiście, pragnienie zobaczenia siebie nawzajem, kochania się, pieszczot... zwyciężyło, a Aziz żył swoim związkiem z Wawem, gdy pierwsza randka została skonsumowana w chacie w niejednorodnym świecie Popbasów.

Te dwa gołąbki natychmiast pokochały się i zdezorientowały w celowej ekstazie mieszając swoje staromodne ciała i seks mózgu z nowoczesnymi kaskami. Nie wystrzeliwują jednostek czasu, pochłoniętych zaufaniem chwili. Aziz opowiadała o swoim dzieciństwie, swoim pochodzeniu, wszystkim... i Waw robił to samo, poza tym, że odkryła swojego ukrytego wroga, jak zwierzył się jej Skrzydlaty Tuareg, który odkrywał jej najgorszego wroga w tym czasie.

Dwóch wrogów kochających się szaleńczo!

Aziz uskrzydlony Tuareg rozgniewał się na samego siebie za to, że nie był w stanie stawić czoła swojemu sercu i sugestiom swojej duszy w obliczu pięknej Waw, powiedział sobie, że kochanie i walka w tym samym czasie jest możliwa, aby nie poddać się rozpaczy ostatecznego zerwania z nową Miłością.

Waw robiła sobie te same wyrzuty, ale musiała uszanować krwawy i odwieczny pakt, który uczynił ją światowym liderem szkolonym w poświęceniu innych, ale poświęcenie się było dla niej nie do zniesienia, gdy postanowiła uwięzić Aziza w jednym z ich wielu szalonych spotkań w Popbie.

W kasku Aziza zastosowano moduł wykorzystujący odwrotne pole magnetyczne i potężny czynnik hipnotyczny, który uniemożliwił mu użycie metamorfozy lub zdolności mutacji. Raz przyszedł, innym razem znalazł go w komorze kriogenicznej w drodze na Patridę w specjalnej celi.

Oto nasz bohater w pełnym rozkwicie na Marsa po interwencji nie bez żalu dla ukochanej, która w żadnym wypadku nie chciała jego rozpadu, czego domagały się organy władzy w czasie jego osądu bez odwołania. Wolała poznać go z daleka i żywego, niż rozpadać się i nawiedzać swoje serce na zawsze.

Tuareg tylko raz wyszedł z letargu na Marsie w swoim polimorficznym kombinezonie i to był początek zupełnie nowej przygody!

Kąpała się w nanocząsteczkach, które symulowały wodę, która w tych trudnych dniach stała się rzadka lub niebezpieczna i westchnęła z urazą do pustki w jej wnętrzu, pustki stworzonej przez nią i teraz przez nią cierpiącej. Jego pragnienie władzy i dominacji przeważyło nad naturalnymi uczuciami miłości i spełnienia, które dała mu jego idylla z Azizem. Pomyślała o jakiejś muzycznej melodii, która natychmiast się zmaterializowała, tworząc w swojej kulistej klatce wypełnionej nanocząsteczkami efekty wibracji i szkarłatnych kolorów, których specyfika polegała na tym, że miały one leczyć, odmładzać, odświeżać, a nawet stymulować... tak bardzo, że były bezcenne dla 99% rzadkich ludzi, którzy nadal zamieszkiwali Ziemię.

- Ale jaki jest sens życia młodego, pięknego, zdrowego, jeśli jest ze złamanym sercem, wołała!
- "4" nagłe spotkanie w cyklu ¼ cyklu brzmi GŁOS, moje gratulacje za rozpad skrzydlatego Tuarega podnosi ją, kładąc jednocześnie kres użytecznej kąpieli wspaniałego ciała Waw, ale bez zainteresowania dla jej serca, że sama krwawiła.

Waw nienawidziła GŁOSU, Latającego Tuarega, tak samo jak innych członków kierownictwa i zastanawiała się, czy w jej głowie, czy też w jej życiu wszystko jest w porządku, ponieważ żyła i prawdopodobnie przeżyła tragiczną śmierć swoich rodziców, identyfikując się z nimi.

Czuła się winna, potem nie mogła im wybaczyć za ich samobójstwa, żywiła do innych urazę, a tym bardziej do siebie.

Ale co zrobić w obliczu tak wielu lat nauki, przygotowania do życia jako potężny przywódca w grupie potężnych tysiącletnich zamówień, nie miała innego wyjścia, jak żyć z góry wykutym dla niej przeznaczeniem, nawet jeśli niebezpieczeństwa życia wykuły go w trudny sposób. Cóż, nie, to było zbyt wiele! Musiała go znaleźć, pokochać i przede wszystkim przebaczyć mu, bo przecież nie ma czegoś takiego jak lekarstwo na zło miłości.

# Rozdział 10: Nadzieja w każdym kierunku

Cykle czasowe na STELLARDZIE były dla Ksenonu tak pomyślne, że nie potrafił już rozróżniać między dniem i nocą, ale co ważniejsze, rozróżniać między fazami snu i aktywną, ponieważ GŁOS nie dał mu i jego współwięźniom ani jednego wytchnienia.

Cieszyły go rzadkie chwile, kiedy GŁOS nie mógł przekazać swoich błysków i innych instrukcji, a nawet swojej głupiej muzyki. Momenty te zostały później opisane przez SL jako gigantyczne tornada na powierzchni Marsa, które uniemożliwiały jakąkolwiek transmisję fal. SL był coraz częściej przypisywany do strefy X i tylko w rzadkich przypadkach wzrastał do znanych poziomów kopalń odpowiadających 03 podziemnym poziomom, które zapadały się w miarę eksploatacji kopalni, które znajdowały się na powierzchni i były otoczone kopułą promieniowania.

Na terenie ARU odkryto najpierw partie robotów i materiałów eksploatacyjnych, a następnie roboty humanoidalne, zajmujące się konserwacją, wydobyciem i innymi pracami wymagającymi wyjść powierzchniowych zbyt niebezpiecznych dla ludzi, mimo ich ochrony DNA i zaawansowanych technologicznie kombinezonów. Wreszcie, monitorowano poziom pracowników zajmujących się konserwacją systemów chłodzących, energetycznych, wentylacyjnych itp. w kopalni, a następnie na poziomie X był to system transmisji fali w kopalni, przez który rządził GŁOS.

Ucieczka oznaczałaby przekroczenie 02 stref wypełnionych sprzętem w służbie GŁOSOWEJ, następnie ucieczka z tej samej wersji flesza GŁOSOWEGO i przede wszystkim uzyskanie środka umożliwiającego powrót na Ziemię.

Xenon uważał, że podróż powrotna będzie najłatwiejsza, ponieważ produkty wydobywane przez URA i inne roboty muszą wrócić na Ziemię! Ale jak pozbyć się swojego najgorszego koszmaru, gdy jest na twoich obcasach dzień i noc... nie wspominając o robotach gizmo i innych rzeczach?

To właśnie w tym momencie poczuł klepnięcie w czubek ramienia, niezwykłe klepnięcie ze strony przybysza, z którym natychmiast odnalazł wielkie pokrewieństwo. Rzeczywiście, nowy wydawał mu się od razu spotkany, niezawodny i buntowniczy w swoich czynach i słowach, ale najciekawsze jest to, że przyciągnął uwagę SL, który w końcu wyznał, że nigdy nie widział doskonałej rekombinacji!

Aziz, ponieważ to on jest tym, o którym mówimy, przeszedł symbiotyczną mutację, w której nanoboty i ludzkie DNA sprzymierzały się dla przetrwania, z niewyjaśnionych powodów, a przede wszystkim dlatego, że zmutowane DNA Aziza miało wrodzony wydział polimorfizmu, który został wywołany przez instynkt dopiero wtedy, gdy musiał walczyć z jednym z uzbrojonych strażników strzegących otoczenia bazy delta znajdującej się wówczas na jego rodzimej pustyni. SL dość szybko domyślił się, że nasz nieustraszony vigilante nie był pod wpływem VOICE i jego błysków siatkówki, był również w stanie dyktować do jego polimorficzny garnitur innych konfiguracji niż "Pracuję mój tyłek off dla kopalni" tryb! "Był jeszcze człowiekiem, mimo smutku, kiedy przywołał pamięć o swojej zdradzieckiej miłości z pewnym WAWem". Obserwacje te, szybko podzielone z Xenonem, popchnęły go do stworzenia trio szokowego składającego się z niego samego, profesora Samby Leye (SL) i Aziza, rzekomo zdezintegrowanego bohatera pod Gobi... Mięśnie, mózgi i odwaga połączyły siły, aby wydostać się z tego bałaganu, a Aziz będzie arcydziełem planu złożonego przez SL i Xenona podczas gigantycznych burz, gdzie GŁOS stał się bezgłośny, nie mogąc jednocześnie zgłębić słów i tematów dyskusji swoich więźniów...

Wszystko zaczęło się podczas cyklu burz, za wyjątkiem tego, że tam SL sabotował system łączności znajdujący się w strefie zakazanej pod kopalnią, dając panu Muscle czas na dotarcie do robotów humanoidalnych w celu podjęcia walki, nie bez cudownej pomocy Tuarega, którego strój bojowy był olśniewający na więcej niż jeden sposób. Z kombinezonu wychodziły namioty, kule armatnie, harpuny, miecze... i wszelkiego rodzaju laserowa broń indukcyjna, czasem widoczna, czasem niewidoczna przez tajemnicę, że tylko DNA Aziza miało tajemnicę. Pojawiły się też namioty, które miały obsługiwać broń, która miała wysadzać bomby ultradźwiękowe, jednak Xenon miał całą inną misję powierzoną mu przez SL, podczas gdy Tuareg bawił się w galerii, w końcu udało mu się to zrobić wysadzając jednostkę pomocniczą pomieszczenia łączności strefy X. Ta jednostka była dobrze ukryta w obrębie poziomu 2 i strzeżona przez mocno uzbrojone roboty bojowe!

Rezultatem planu ucieczki na tym etapie były zniszczone dwa główne moduły komunikacyjne, przy czym GŁOŚNIK nie działał w kopalni, humanoidy i URA zostały odłączone i znajdują się w trybie hibernacji na poziomie pierwszym i drugim. Pozostało tylko znaleźć sposób na powrót na Ziemię, zanim GŁOS mógł wznowić służbę po wielkiej burzy, która zamaskowała sabotaż i inne ataki przeprowadzane przez trzech buntowników, do których dołączyły teraz setki gotowych do walki więźniów.

Nasi trzej przywódcy jako pierwsi odkryli na nowo powierzchnię kopalni i jej kopułę ochronną. SL z łatwością odkryła system aktywacji rampy startowej i lądowania dla wahadłowców Patrida o strukturze plastra miodu. Maksymalna liczba więźniów została złapana przez pęcherzyki płucne, które połączyły się z kombinezonami i chwilę później wahadłowiec wylądował wraz ze swoją załogą na konstrukcji prawie identycznej z kopalnią na Marsie, z tym że tam nasi odważni uciekinierzy właśnie wylądowali na NUCLAND w środku ukrytego bieguna Księżyca!

Błyski odzyskały swoją przyczepność do tego pięknego świata, co doprowadziło do napadów padaczkowych, z wyjątkiem Aziz, która ponownie zaangażowała się w walkę ze znanymi celami na drugim i ostatnim poziomie kopalni zawierającej systemy SI, z którymi poddała roboty i rekombinowała ludzi. Aziz zdał sobie sprawę, że nie tylko może oprzeć się przebłyskom siatkówki, ale także, co może się wydawać dziwne, jest w stanie je emitować, co znacznie ułatwiło mu zwycięski postęp w NUCLAND i zostało mu wyjaśnione przez SL po powrocie jego duchów. Ten ostatni wyznał Azizowi, że opracował program przeciwdziałający błyskom siatkówki GŁOSOWEJ, tylko on musiał go przetestować i miał czas tylko na Aziza, krzyżując palce, aby jego specjalne zdolności pomogły mu z niego skorzystać. Rezultat był beznadziejny dla SL z nadzieją spełnioną przez Touarega z niesamowitymi umiejętnościami. Xenon, jako dobry dowódca oddziału, zasugerował, aby ponownie popędzić do wahadłowców księżycowych, które tym razem mogą doprowadzić ich do Ziemi ...

Aziz poczuł kilka mrowień, po czym od razu zrozumiał, że musi spróbować czegoś nowego, co Xenon mu zasugerował nie bez zniechęcenia. Musiał przejąć kontrolę nad statkiem o kształcie plastra miodu i dyktować jego trajektorię, czyli latać statkiem bez żadnych urządzeń sterujących, joysticków czy deski rozdzielczej, ale nadal reagując na technologię opartą na błysku światła.

Zrobił więc wszystko, co w jego mocy, aby skupić się na innym miejscu niż Patrida, gdzie na pewno czekały na nich oddziały VOICE, ale pamięć o pustyni nigdy nie opuściła go, ani jego dzieciństwa z dziadkiem.

Wahadłowiec ląduje na środku pustyni Agadez w pobliżu dawnej bazy Delty, która w międzyczasie stała się gigantycznym kraterem.

Użądlenie zostało wznowione, a SL położył temu kres, uruchamiając swoje gizmo przeciwbłyskawiczne zasilane przez statek o strukturze plastra miodu, po tym jak na polecenie

Aziza odkryto jego elementy sterujące. To ostatnie musiało wymagać wielkiego nakładu energii psychicznej i psychicznej, aby wygenerować przebłyski podczas walki z napadami GŁOSU, a zmęczenie pomagające, sprawiło, że migreny były nie do zniesienia nawet dla takiego solidnego człowieka jak on.

Ksenon, również pokonany przez zdumienie, nie mógł wypowiedzieć ani słowa, dopóki błyski nie ustały. Przypomniał sobie piękną Toufę, na zawsze pochowaną w piwnicy tego, co było ich gniazdem przyjemności 50 cykli temu!

ADNon cofnął granice zwyrodnienia komórkowego poprzez eliminację nowotworów, komórkowych zjawisk oksydacyjnych spowodowanych promieniowaniem UV, wydłużając w ten sposób cykle życia, które były liczone w dwóch ziemskich latach tego czasu.

Xenon wiedział, że jego łagodny naukowiec nie jest w stanie oprzeć się trzęsieniu ziemi, po którym wystartowała gigantyczna rakieta z domieszką regolitu, a następnie kilkunastokilometrowy upadek w niekończącą się przepaść... zdecydował się udać na poszukiwanie czegoś, co wydawało się odkryciem Aziza, który zdawał się znać niektóre wejścia do starej bazy, o których nawet ochroniarz nie wiedział do tej pory.

Po otwarciu luku, pionowy tunel otworzył się w dużej odległości, a następnie ustąpił miejsca innemu, znacznie szerszemu tunelowi na płaszczyźnie poziomej. Aziz pamiętał o tym tajnym aneksie do bazy w Delcie, gdzie po raz pierwszy eksperymentował ze swoimi zmutowanymi darami, zanim został połączony z syntetycznym DNA. Wiedział, że są tam przechowywane zapasy żywności, które mogą się im przydać na resztę eskapad, a także musiał zbadać inne zakątki niekończącego się tunelu przed nimi.

SL nie pojawił się, dopóki nie odkrył znaku z instrukcjami na temat tajnej lokalizacji, zasilany przez potężne reaktory rozszczepienia jądrowego również zakopane w zewnętrznym płaszczu Ziemi, URA zrobił dobrą robotę, ale pod czyim rozkazem?

Udało mu się włączyć sterowanie oświetleniem, aby zachować ich kombinezony, które pompowały dużo energii, Xenon odkrył również śluzę powietrzną, której zawartość uszczęśliwiła go, ale jego radość przerywało uczucie dyskretnej inwigilacji bez zagrożenia, powiedział do siebie, ponieważ atak już miał miejsce. Jednak Aziz również czuł to samo i przewidział, że zaangażuje się w walkę bez większej ilości artylerii, aby nie zostać pochowanym pod ziemią wraz ze swoimi towarzyszami w nieszczęściu. SL miał zupełnie inny odczyt sytuacji, biorąc pod uwagę, że zbudował inteligencję stojącą za stworzeniem tej bazy i jej tajnych przybudówek, na pewno w tym bunkrze była przyjazna obecność oznaczająca nadzieję, że tylko IAZ zaplanował i zbudował ją z URA na swoje polecenie, zanim baza Delta została zbudowana przez ludzi i związane z nią maszyny.

Gdy grupa odkrywców wpadła do tunelu, odkryli oni kuliste pomieszczenie z masywnymi drzwiami na dole, z pewnością ciężkimi i opancerzonymi.

Aziz miał wystarczająco dużo czasu, by przeskoczyć na bok, unikając znajomej macki przypominającej mu o jego walkach w dawnym życiu jako bohatera polowanego przez polimorficzne humanoidy. Te 100% rekombinowane ciała DNA były tylko replikami już martwych ludzi pracujących na polecenie i dopingowanych jakąkolwiek energią. W tej sytuacji, Xenon taktownie uruchomił odpowiedź, bez eksplozji i zniszczenia ... prosty wyładunek ultra-szybkich fal wystarczy, aby uderzyć napastnika, który odkrył hełm i zaskoczył ludzką twarz, ta twarz tak droga Azizowi: Waw leżał nieprzytomny na ziemi!

Moment zaskoczenia minął, SL i Xenon zdecydowali się wywieźć ją na powierzchnię, by spróbować ją ożywić i niemal natychmiast otworzyły się pancerne drzwi, odsłaniając garstkę innych przybyszów pokrytych garniturami jak Waw, ale tym razem odkrywających ludzkie twarze, i wśród tych wszystkich twarzy, tej Toufy, która pobiegła na Waw, aby zastosować zastrzyk, który ją ożywił na miejscu. Groziło jej powolne i śmiertelne rozpadnięcie, powiedziała, a ja musiałem ją uratować, tak jak zrobiła to dla mnie i ocalałych z bazy Delta. Toufa nie mógł ukryć swoich łez i radości na widok Ksenonu, który nie mógł uwierzyć swoim oczom, nie mówiąc już o swoich zmysłach na widok tego, co wydawało się utracone na zawsze.

Waw szukał Aziza i szeptał do niego, gdy podszedł: "Proszę o wybaczenie"...

SL opuścił zakochane ptaszki na ich spotkaniu i usłyszał wyrażenie, że najbardziej tęsknił za swoim życiem jako światowej sławy naukowiec, więzień swojego stanu na Marsie i Księżycu: "Witaj profesorze Samba Leye! ».

# Spis treści

Printed by Books on Demand GmbH, Norderstedt / Germany